新型职业农民培育工程规划教材

农民手机应用

李鸿雁　主编

中国农业大学出版社
·北京·

内 容 简 介

全书共分为5个项目。项目一内容包括介绍智能手机的功能特点，了解市场常见手机品牌，分析影响购买的因素以及怎样选购一款适合自己的智能手机等任务。项目二主要介绍智能手机基本操作。项目三分为“开通手机银行”“使用小额快捷支付”“手机支付安全防护”三个任务，帮助农民朋友们安全、便捷地使用手机进行收付款操作。项目四介绍常用工具类、社交通信类、休闲娱乐类、出行购物类、农业科技类共五大类15个常用手机App的使用方法。项目五包括建立手机网站、开设农产品微店、使用微信公众号推广、使用二维码等工具进行产品营销共四个任务，引导农民朋友利用无线网络进行农产品推广与营销。

图书在版编目(CIP)数据

农民手机应用/李鸿雁主编. —北京:中国农业大学出版社，2017.5

ISBN 978-7-5655-1823-2

Ⅰ.①农… Ⅱ.①李… Ⅲ.①移动电话机-基本知识 Ⅳ.①TN929.53

中国版本图书馆CIP数据核字(2017)第115247号

书　名 农民手机应用

作　者 李鸿雁　主编

策划编辑 张　蕊　张　玉　　**责任编辑** 张　玉

封面设计 郑　川　　**责任校对** 王晓凤

出版发行 中国农业大学出版社

社　址 北京市海淀区圆明园西路2号　　**邮政编码** 100193

电　话 发行部 010-62818525,8625　　读者服务部 010-62732336

编辑部 010-62732617,2618　　出　版　部 010-62733440

网　址 http://www.cau.edu.cn/caup　　**E-mail** cbsszs@cau.edu.cn

经　销 新华书店

印　刷 北京富泰印刷有限责任公司

版　次 2017年5月第1版　2017年5月第1次印刷

规　格 787×980　16开本　12.25印张　161千字

定　价 36.00元

编委会

主　编　李鸿雁

副主编　王迎新　焦现军

编　者　张鹏飞　覃尚才　段　生

前言

无线互联网络的迅速发展对人们生产生活的冲击是巨大的，在短短的数年里，人们使用的手机由功能机变成了智能机，视频通话随着4G网络的应用已经得到了普及，我们再也不用为看天气预报每天定时守候在电视机旁，我们获得新闻、消息的主要途径也从传统媒体悄悄转向微信等自媒体。这是一个信息迅速扩张的时代，移动支付、自媒体时代、移动网络营销等新生词汇扑面而来。农民朋友们熟练使用智能手机、善于利用信息不但会给您的生活带来便利，更可能为您带来无尽的商机。

《农民手机应用》从智能手机的选购、使用、手机安全支付、常用App、网购、网销与自媒体等几个方面进行讨论，引领农民朋友们了解和掌握智能手机的功能与操作。

全书共分为5个项目。项目一包括介绍智能手机的功能特点；了解市场常见手机品牌；分析影响购买的因素以及怎样选购一款适合自己的智能手机等任务内容。项目二主要包括智能手机基本操作。项目三分为“开通手机银行”“使用小额快捷支付”“手机支付安全防护”三个任务，帮助农民朋友们安全、便捷地使用手机进行收付款操作。项目四介绍常用工具类、社交通信类、休闲娱乐类、出行购物类、农业科技类共五大类15个常用手机App的使用方法。项目五以建立手机网站、开设农产品微店、使用微信公众号推广、使用二维码等工具进行产品营销共四个任务，引导农民朋友利用无线网络进行农产品推广与营销。

智能手机的功能随制造工业的发展和现代无线网络技术的进步而无限扩展，本书仅就当前智能手机的使用状况和应用领域进行介绍，希望能够帮助农民朋友们迅速掌握这一信息工具，使之更好地为农业生产、农民生活服务。

编　者

2016 年 12 月

目录

项目一　手机选购

随现代通信网络技术的发展，智能手机以其便携、美观、功能丰富等特点迅速占领手机市场。尤其用户可通过应用商店自助下载应用（App）的特性，使手机功能的外延无限延伸。农民朋友不仅可以使用它进行基本通信还可以将生产中出现的问题通过视频实时获取专家的指导；可以将生产的产品利用手机放到网上进行销售以提高利润额；可以通过手机随时随地获取市场信息降低经营风险……智能手机与现代通信网络技术的结合正在改变着人们的生产、生活方式，善于利用智能手机必将成为现代新型职业农民的基本技能。本项目将从智能手机的功能特点、主流厂商、前沿技术、购买途径以及购买智能手机应该考虑的因素等几个方面帮助大家挑选一部适合自己的智能手机。

任务一　认识智能手机

【任务目标】通过本任务使读者了解智能手机的基本特征和功能特点，为进一步选择、购买智能手机打好基础。

一、区别功能手机与智能手机

当前在手机市场上我们能见到的手机有两种，一种如图 1-1 所示，称之为“功能手机”，常见的有平板、滑盖、翻盖等几种机型。多数功能手机屏幕较小，通常拥有一个拨号键盘，手机功能单一，仅能用于通话、收发短信以及使用一些固定的小工具如日历、闹钟、手电筒、录音等。因手机功能单一、待机时间长现多被儿童和老人使用。功能手机正逐步淡出手机市场。另一种手机如图 1-2 所示，整个手机仅有正面一个和侧面两三个按键，拥有一个巨大的触摸式屏幕，界面华丽、功能丰富，我们将这类手机称为“智能手机”。

图 1-1 功能手机

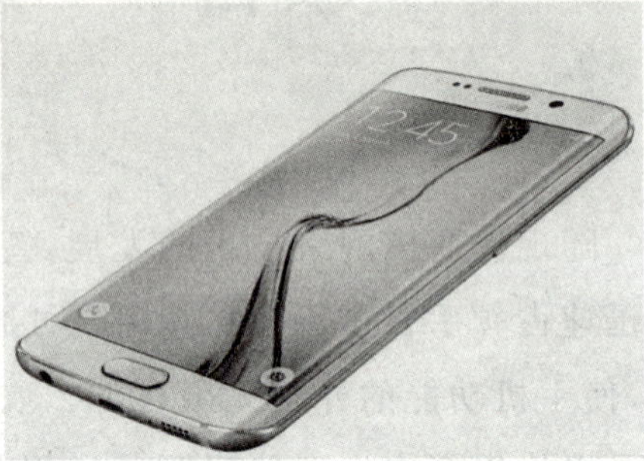

图 1-2 智能手机

二、智能手机的主要特点

市场上能见到的智能手机品牌及型号繁多，但都具备以下特点：

(1)出色的硬件性能。如果希望智能手机界面打开流畅，功能运行不卡顿，操作灵活，那么就需要为手机配备功能较强的数据处理芯片(CPU)和图形处理芯片(GPU)以及快速数据存取芯片(RAM)；为了使智能手机拥有更高的颜值那就得为机身和手机屏幕使用更佳的材质；为了使智能手机有更好的拍照效果，就必须使用性能更加优异的感光元件等。硬件不是判断一台智能手机优劣的唯一标准，但它是手机具有优异表现的基础和保障。手机的硬件是手机售价的重要组成部分，硬件的配置越高，售价通常也越高。同时智能手机硬件的更新换代速度非常快，通常一年甚至半年主流手机的性能就会翻一番，这也是手机厂商频繁推出新品的一个原因。

(2)独立的操作系统。为保证手机硬件高效的运行且能够为手机用户带来优异的操作体验，手机厂商都针对自身产品硬件特点和设计风格开发开放式的操作系统。如苹果公司为 iPhone 手机开发的 ISO，华为公司为其产品开发的 EMUI，小米公司的 MIUI，以及魅族的 Flyme、OPPO 的 Color UI 等。不同厂商推出的系统具有各自的特色，如 iPhone 的 ISO 使手机运行的更加高效；华为对 EMUI 进行深层次的优化并做出 18 个月不卡顿的使用保证。魅族的 Flyme 被许多手机用户认为是最漂亮的手机操作系统。手机厂商为使用户有更好的使用体验不断更新和完善自己的操作系统并提供用户自行更新功能。需要提醒一点，不同厂家、相同厂家不同型号的手机操作系统固件不能互用。

(3)可以自行安装软件。利用智能手机开放式的操作系统，手机用户可以通过智能手机应用商店自行下载安装各类手机应用(App)，以使用自己的智能手机具备新的功能。如图 1-3 所示为手机应用商店分类列表。

图 1-3　手机应用商店

(4)可以通过移动通信网络和 WiFi 来实现无线网络接入。智能手机能够通过移动通信网络(2G、3G、4G、4G＋)或 WiFi 接入国际互联网(Internet)，运行互联网络应用。

三、为什么要选择智能手机

随着现代移动通信技术的发展和第三方厂商对智能手机应用(App)的广泛开发，智能手机已经不再是简单的通信工具，它集通信、移动办公、休闲娱乐、旅游出行、交友、购物、宣传推广于一身。智能手机比以往的功能机拥有更加丰富的功能；比笔记本电脑更加便携，可以放入口袋，随时随地联入互联网络；不断提升的拍照、摄像性能可为你留住每一个精彩瞬间。

农民朋友在生产中如果发现种植的蔬菜或养殖的动物出现不正常的情况可以通过手机视频通信功能(如微信视频通话)及时请教专家，再也不会出现打电话说不明白的情况。在外出参观学习时，可以随时把看到的景象、问题拍照保留下来，以便以后研究。当你来到一个陌生的地方时，智能手机又可以成为向导为你导航。化肥、农药这些农资你可以足不出户，在家动动手指利用手机完成购买。如果你拥有智能温室、智能水肥一体化系统等现代农业设施，你可以通过手机对温室内的光照、CO_2 浓度、温湿度随时进行调控（图 1-4），可以通过手机安排对土壤进行灌溉和施肥。你还可以通过手机把你的农产品发送到互联网上促成销售。这些仅仅是和农民朋友们相关的一小部分应用，相信一旦你能够熟练使用智能手机，你将再也不愿意离开它。

图 1-4　通过智能手机自动化控制生产

任务二　了解市场上常见的智能手机品牌

【任务目标】了解国际、国内主要智能手机品牌，为选择一款适合自己的智能手机做准备。

一、iPhone

2016 年 9 月 16 日，随苹果公司生产的 iPhone7、iPhone7 Plus 智能手机全球上市销售，苹果手机再次成为人们热议的焦点。与 iPhone 6 发布时果粉彻夜排队的盛况相比，今年果粉们普遍淡定了不少，但各苹果手机专卖店门口，凌晨依旧排起了长队，热销的亮黑款出店就被黄牛加价 5 000 元收购，这就是 iPhone，一个来自美国的品牌(图 1-5、图 1-6)。如果你在互联网上搜索“卖肾买 iPhone”的话你会发现那不仅仅是一个笑话。苹果手机凭什么受到如此追捧？

图 1-5 苹果公司及 iPhone 标志

图 1-6 iPhone 手机

iPhone，是美国苹果公司研发的智能手机，它搭载自主开发的 IOS 操作系统。自 2007 年 6 月苹果公司发布的第一款 iPhone 至今已近 10 年，苹果每一代 iPhone 的发布不但带来了购买浪潮，更引领了智能手机的发展方向。“再一次，改变一切”，这句伴随着 iPhone 4 一起横空出世的口号现在听起来仍然豪气十足。

2004 年，苹果公司召集了 1 000 多名内部员工组成研发 iPhone 团队，当时苹果公司的首席执行官史蒂夫·乔布斯将公司研发重点转向手机。巨大的资金投入，超强的研发团队，使其推出的各代 iPhone 手机备受推崇，自主研发的手机核心硬件 CPU 至今仍处于行业领先地位，开发的 IOS 系统与自身硬件配合得天衣无缝，使手机整体性能得到进一步提升。尤其 iPhone 4S 时代，先进的技术、优异的用户体验、App Store 提供的大量、优质 App 应用，使 iPhone

产品几乎成为了“完美”的代名词。

年轻人追捧 iPhone 的另一个原因多半是使用 iPhone 带来的时尚、前卫的自豪感，甚至把使用新款 iPhone 当作身份的象征。

近年来伴随 Android 机的崛起，尤其三星以及华为、小米、联想等国内企业在科技研发上发力，这些厂商的旗舰产品无论外观设计、运行速度、系统易用性、拍照性能等众多方面大有赶超 iPhone 的趋势。在今年(2016 年)发布的手机新品中像小米 MIX 惊人的外观、OPPO R9 的拍照效果、金立手机的安全商务性能等都给人留下了强烈的印象。市场对 iPhone 的反应也逐渐趋于理性。

二、三星

三星智能手机(图 1-7)是韩国最大的跨国企业集团三星集团研发的智能手机，全系采用 Android 操作系统，其 Galaxy(盖乐视)系列产品是其经典之作，时尚的外形、精密的制作工艺、优良的屏幕及摄像效果，使三星手机曾经牢牢占据着智能手机中高端市场，成为苹果手机最大的竞争对手。

三星最新发布的产品有 Galaxy Note 7(停售召回)、Galaxy S7(图 1-8)及三星 Galaxy S7 Edge、Galaxy C5、C7、C9 等。尤其值得一提的是，Galaxy C5

SAMSUNG

图 1-7 三星标志

图 1-8 三星 Galaxy S7 手机

产品，被称为专为中国市场打造，它将许多在三星旗舰机型中才使用的高端科技置入其中，以极具竞争力的价格挤入国产机垄断的中端市场，可见三星对中国智能手机市场的重视。

随 2016 年末 Galaxy Note 7 事件的突然爆发，以及三星对此事件的处理方式一度引发了中国消费者对三星产品的信任危机。(读者可以通过网络了解三星 Galaxy Note 7 事件)

三、华为

随 2015 年末，华为(图 1-9)宣布当年智能手机出货量累计突破 1 亿台，华为成为国内第一家，全球继苹果和三星之后的第三家出货量破亿的智能手机厂商。

华为同时推出了“荣耀”和“华为”两个品牌。“荣耀”品牌下主要有荣耀系列、畅玩系列机型。如现在热销的荣耀 8、荣耀 Magic、荣耀畅玩 6X、荣耀畅玩 5A 等，主要针对线上市场。“华为”品牌下推出了 Mate 系列、P 系列、G/Y 系列以及畅想系列，主攻线下市场。代表机型有 HUAWEI Mate 9、HUAWEI P9(图 1-10)、HUAWEI nova 等。华为这两个品牌囊括了高、中、入门级别产

HUAWEI

图 1-9　华为标志

图 1-10　华为 Mate 9 手机

品，丰富的机型为用户带来了更多的选择机会。

自主研发芯片的能力和华为在专利上的优势为华为开拓海外市场和高端机市场提供了原动力。截至2015年6月30日，华为公司与终端相关的专利申请量就多达18 000件。数据显示，2016年华为全球智能手机发货量1.39亿台，50%智能手机发货来自海外，全球智能手机市场份额占比11.3%。33个国家市场份额超过15%。全球品牌知名度由76%提升至81%。

2016年华为手机技术亮点。华为携手徕卡推出双摄像头系统，优质的成像效果使华为P9和Mate 9大受追捧。华为新研发的麒麟960 CPU芯片将性能提升18%，GPU图形处理性能提升180%，华为将之应用至Mate 9等高端机型。华为推出的EMUI5.0系统，在底层，全面挑战安卓系统老化、性能衰退等通病，华为多位世界级Linux系统专家带领3 000人研发团队，对原生安卓系统进行了“手术刀”式的深度优化。根据加速模拟日常使用和现实使用情况测试，华为Mate 9可以做到连续使用18个月运行不卡顿。

四、小米

小米“为发烧而生”(图1-11)。小米公司(全称北京小米科技有限责任公司)在成立之初就将手机发烧友定为主要客户群体，在手机研发过程中重视用户体验，首创用互联网模式开发手机操作系统(MIUI)，形成了发烧友参与改进的模式，每周五固定推出手机升级固件，并在全国各地成立小米之家，加强与“米粉”(小米产品爱好者)的联系。小米手机、米聊、MIUI成为小米公司旗下的三大核心业务，逐步形成“硬件＋软件＋互联网服务”的小米生态圈。小米手机采用线上销售模式，在小米科技的官网、小米天猫官方旗舰店、小米京东官方旗舰店进行零售。如图1-12所示为小米5s手机。

小米的董事长兼CEO雷军这样介绍小米名字的由来，小米的LOGO是一个“MI”形，是英文mission impossible的缩写，也就是小米要完成不可能完成的任务。另外，小米的LOGO倒过来是少了一个点的心字，意味着小米要让用户省一点心。自2011年10月小米第一款手机M1发布以来，小米公司创造着一个又一个产品和销售上的奇迹。

图 1-11 小米标志

图 1-12 小米 5s 手机

2011 年 12 月 18 日凌晨，小米手机官方网站开始对个人限量 10 万台手机公开发售，开放购买仅 3 小时，10 万库存售罄。2013 年 11 月 28 日，小米公司开放微信专场，15 万台小米 3 手机在 10 分钟内售罄。2014 年天猫“双十一”结束，小米官方旗舰店最终成交金额 15.6 亿元。在接下来的 2015 年、2016 年“双十一”小米手机又都名列销量第一。小米以火箭般的速度迅速成为国产手机中的领军级别企业。

小米的每一场新品发布会都像是一次手机知识讲座，内容充实、动人心弦。大量的专利技术使小米产品始终处于科技的前沿，超高的性价比不断点燃着米粉们的购买热情。

2016 年小米发布了一系列新品，其中以小米 MIX 全面屏概念机型最引人关注。被某国外知名媒体评价为“小米 MIX 美得令人疯狂”，6.4 寸屏幕，屏占比高达 91.3%、全陶瓷机身、配备当时最高性能的 CPU 和高达 6G 的运行内存、超大容量电池、全功能 NFC、全网通 3.0 技术以及快充 3.0 技术等，使其站在了 2016 年高端机型的最前列。

具备“暗夜之眼”的小米 5s 手机，首创超声波指纹识别技术，采用更快的 4G+网络、全金属一体化机身设计。成为 2016 年年底小米主销机型。

图 1-13 红米 4 手机

小米将仅售 499 元、699 元的红米 4A、红米 4(图 1-13)等低端手机中也置入了全金属一体化机身、2.5D 屏等新技术，同时采用高性能处理器和 4 100 mAh 大容量电池，配备最新的 MIUI8 系统，使低端用户也可以获得优异的操作体验。

五、其他

除盘踞智能手机高端市场的苹果、三星手机和领军国内市场的华为、小米等商家外，市场上经常见到的还有 Moto、魅族、OPPO、金立、360 手机、vivo、一加、努比亚、酷派等几十家智能手机生产厂商。每一家厂商都针对使用人群的不同推出了不同系列的产品，致使手机市场上的产品及型号非常丰富，要想在繁杂的手机市场上甄选出适合自己的手机，还需要掌握一些关于智能手机的基础知识和选机策略。

任务三 选择一款智能手机需要考虑的因素

【任务目标】试从使用领域、价格预期、品牌认知和性能技术等方面分析如何挑选出一款合适自己的智能手机。

一、考虑智能手机的主要应用场合

智能手机的性能主要表现在以下几个方面：

1. 运行速度

合理够用的硬件配置可以保证手机在打开应用时能够快速顺畅，这主要和智能手机所采用的数据处理芯片和图形处理芯片以及运行存贮器的性能和大小有直接关系。例如 iPhone 7 采用自家生产的 A10 处理器，性能比上代提升 40%，集成的图形处理芯片性能比上代提升了 50%，搭配高性能的存贮器，使 iPhone 7 成为当代智能手机性能的领跑者。各手机厂商生产的旗舰款手机无一不是使用性能最好的硬件，先进的硬件也带来了高昂的价格，如 iPhone 7 国内起售价为 5 388 元，而华为同时期主推的 Mate9 pro 采用自产的麒麟 960 芯片，搭载高性能 LPDDR4 内存，性能直追苹果的 iPhone 7，售价也达到了 4 699 元。智能手机性能提升速度远大于实际应用需求的变化，实际使用中大可不必追求性能的极致，挑选一款性能够用、价格适宜的手机才是理智的选择。

2. 拍照性能

拍照是智能手机的基本功能，各大手机厂商也非常重视手机拍照功能的开发，如苹果公司的 iPhone 7s 采用后置双摄像头技术以增强拍照效果；华为与徕卡合作实现拍照功能的再次提升；OPPO 公司出品的 R9s 手机摄像头采用与索尼联合研发的 1 600 万像素 IMX398 传感器，使成像更清晰、画质更细腻。当下主流智能手机拍照效果在光线较好的环境下完全能够满足拍照需求，一些专门针对拍照市场的智能手机拍照效果直逼专业相机。

3. 续航时间

随智能手机屏幕从 3.5 英寸、4.7 英寸、5 英寸、5.5 英寸一路飙升，手机耗电问题也越来越严重。手机能够连续使用多长时间，充电需要多久也成为用户非常关注的问题。

在农民朋友的生活和生产过程中，如果你是一个游戏爱好者，那么手机需要配备一块不能太小的屏幕和具备较快的运行速度。如果你经常使用手机查阅资料或看书，那么一个较大的屏幕会给你带来更好的体验；如果你经常通过手机转账，建议考虑内置加密芯片的手机；如果你经常把自家生产的农产品放到网上销售，把产品拍得更漂亮一些的拍照手机一定可以给你带来更高的交易量；如果你经常出门，那么一款大小适宜、携带方便、续航时间长、充电速度快的手机一定适合你。在购买手机之前一定要认真考虑一下自己使用手机经常要做些什么？明确自己的需要才能选出最适合自己的手机。

二、价格预期

手机的价格从三五百元到六七千元差距巨大，手机的价格由品牌价值、目标客户、硬件配置、销售渠道等多种因素组成。四五千元以上的价格可以考虑苹果、三星以及国内品牌的发烧型或概念型机型；3 千元左右可考虑国产厂商的旗舰机型；1 千～2 千元的价格是国内主流机型的价格范围；低于 1 千元的入门机型如 499 元的红米 4A、799 元的 360 手机 N4A、799 元的魅兰 Not3 也都有不错的表现。购买手机首先要根据自身需求确定预期价格，再在预期价格范围内对比选择。

三、品牌喜好

良好的品牌形象可以给用户带来购买信心。具有较好口碑的厂商在产品用料、售后服务、配件保障、使用体验上往往也会做得更好。比如某知名厂商推出国民手机概念，将一些在主流机型中才会使用的如 2.5D 屏、大容量电池、全金属机身等技术应用到入门机型中，以保证低价不低质量。有些厂商推出“云服务”功能，用户手机中的通信录、照片、通话记录等信息可以同步保存在厂商云服务器中，一旦手机遗失或发生故障，确保手机内信息的安全。为让用户有好的使用体验，负责的厂商会在官方网站不断地推出系统更新和应用主题，并开设主题论坛供手机用户交流使用心得。在此建议农民朋友无论选择高性能高价格的旗舰机还是入门机型，要选择有一定知名度的品牌，不要单纯因高配置参数或超低价格影响你的判断。

四、外观、性能与续航时间

在预期价格和可供选择的手机厂商确定之后通过市场了解就可以确定出几款比较适合的手机了,再对感兴趣的几款手机进行外观、材质、运行速度、存储空间、拍照效果、续航时间、特色功能等方面进行比较,挑选出最合适的手机已不是难事了。

五、注意手机对移动通信运营商的支持情况

在购买手机时一定要了解清楚手机对移动通信运营商的支持情况,最好选择对我国三家移动通信运营商均能完美支持的产品,尤其是对4G以及4G+的支持。如果是支持双卡双待的手机还应了解清楚两个卡槽的具体使用方法和限制。表1-1为各运营商制式表。

表1-1 各运营商制式表

运营商	制式	
中国移动	GSM900	2G
	DCS1800	2G
	TD-SCDMA	3G
	TD-LTE	4G
中国联通	GSM900	2G
	DCS1800	2G
	WCDMA	3G
	TD-LTE	4G
	FDD-LTE	4G
中国电信	CDMA	2G
	CDMA2000	3G
	TD-LTE	4G
	FDD-LTE	4G

任务四　购买智能手机

【任务目标】掌握购买智能手机的途径、注意事项，了解智能手机的常用配件等。

一、购买智能手机的途径

购买智能手机的途径主要有3个：一是通过网上商城或厂家官网线上购买；二是在手机实体店购买；三是在移动通信营业厅购买合约机。

1. 线上购买

网上购买手机有很多优点，一是网上产品丰富，很多线下渠道没有的手机型号可以在网上找到，甚至有些厂商仅做网上销售，线下不设零售渠道。二是可以通过已购买用户的评价对手机有个客观的认识。三是网上价格透明，容易比价，没有或中间环节较少，价格较低（表1-2）。

购买手机首先可以通过手机厂家官方网站购买，因为是自产自销，不存在假货的情况，售后一般也较好。也可以登录天猫、京东这样的网上商城购买，网上商城内店铺很多，质量、信誉良莠不齐，建议在厂商的旗舰店购买。苏宁易购网是自营网站，且线上线下一体，产品质量和售后也有保障。国美在线购买同样也要注意尽量在国美自营店购买，以避免网购风险。

网上购买手机要看清手机型号和参数，不清楚的地方可以通过即时沟通工具与客服联系，注意保修条款和收货流程。网上付款后要随时关注物流进度，收货时按卖家要求认真检查手机质量和配件是否齐全，最好开机查验，确认没有问题后再签收，一旦发现问题要拒绝签收并及时与销售方联系。网上商城一般都有一定期限的无理由退换货和售后服务，拿到手机后要尽快对手机各方面性能进行体验，如有不满意可以申请退换。

表 1-2 网上商城/官网网址表

商城/官网	网址
天猫	https://www.tmall.com/
京东手机	https://shouji.jd.com/
苏宁易购手机	http://shouji.suning.com/
国美在线	http://www.gome.com.cn/
苹果	https://www.apple.com/cn/iphone/
三星	https://www.samsungshop.com.cn/
华为	http://www.vmall.com/
小米	http://www.mi.com/
OPPO	http://www.oppo.com/cn/
vivo	http://www.vivo.com.cn/
魅族	http://www.meizu.com/

2.实体店购买

实体店也是购买手机的一个主要渠道,因为可以看到真机,购买过程让人感觉更加放心。但实体店大小不一,价格、服务差异也比较大,一定要做到货比三家,并认真查验手机的外观、入网许可证和标签是否规整、清晰可辨识、通过拨＊＃06＃核对IMEI码是否一致,以及是否有使用痕迹等,以免买到翻新机、故障机。最后要核对配件是否齐全,并保存好发票。

3.购买合约机

合约机是移动通信运营商与手机厂商合作的一种捆绑销售方式。用户购买合约机首先要和运营商签约,并完成一次性缴费(大多以预存话费的名义),在合约期内(一般为两年)机卡不能分离,每月有最低消费额,按预存的话费折合下来,用户花在手机本身上的钱比较少。对于日常通话量较大的客户是一种不错的选择。合约机不会出现水货、山寨机等情况,可信度高。

购买合约机你可能需要使用一个新的手机号码,合约期内机卡不能分离,如果手机丢失预存的费用不能退还、不可转移,损失较大。合约机多数会预装一些软件,而且不可删除,但对系统性能一般不会有影响。合约机可在移动通信运营商营业厅咨询购买。

二、选择支持4G网络的USIM卡

SIM、USIM卡就是常说的手机卡或俗称手机号，必须为智能手机插入SIM卡或USIM卡手机才能正常使用，SIM卡或USIM卡可持身份证在当地中国移动、中国联通或中国电信营业厅选择办理，如图1-14所示。

图 1-14 中国移动USIM卡

使用SIM卡手机只能使用3G网络，如果要使用更快的4G网络（理论速度可以达到100 Mbps，相当于20 M家庭宽带的速度）则需要办理USIM卡。USIM卡是SIM卡的升级产品，又称全球用户识别卡，USIM卡支持4G网络，拥有更高的安全性。建议新用户办理支持4G的USIM卡，或将手中已有的SIM卡升级为USIM卡，现多数营业厅都可以免费升级。USIM卡拥有一个用于身份识别的手机号码，拨打电话、收发短信、信息确认等操作都将通过这个号码完成，使用手机所产生的费用也与该号码绑定。

USIM卡按大小分为3种（图1-15）：

标准SIM卡：尺寸为15 mm×25 mm×0.8 mm；

Micro SIM卡：俗称小卡，尺寸为15 mm×12 mm×0.8 mm；

Nano SIM卡：12.3 mm×8.8 mm×0.7 mm。

办理USIM卡时最好携带着你的手机，根据手机提供的插槽类型，选择合适大小的卡片，可以让营业厅工作人员帮你将手机卡正确插入手机。

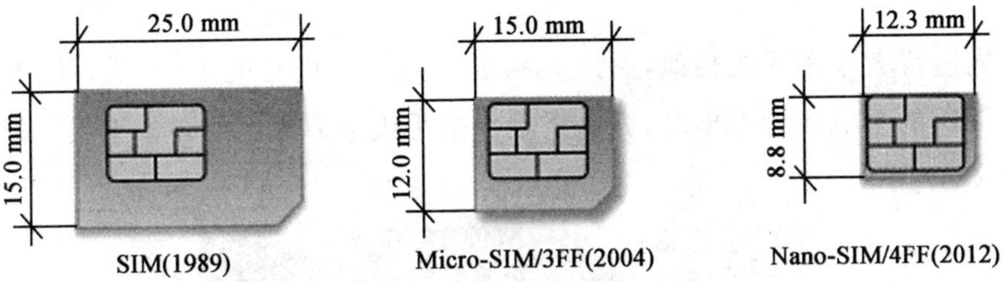

图 1-15　USIM 卡大小

三、智能手机常用配件

1. Micro SD 卡

如果你购买的智能手机存贮空间不是很充足，或你经常使用拍照、录像、看视频等占用空间较多的应用，可以考虑为你的手机配置扩展存储卡，最常见的 Micro SD 卡如图 1-16 所示。

2. 线控耳机

在非常嘈杂或安静的环境下，或许你希望独享智能手机的乐趣，配备一个线控耳机，它可以通过耳机上的按键控制接听电话、音乐播放等功能，非常方便实用，如图 1-17 所示。

图 1-16　Micro SD 卡

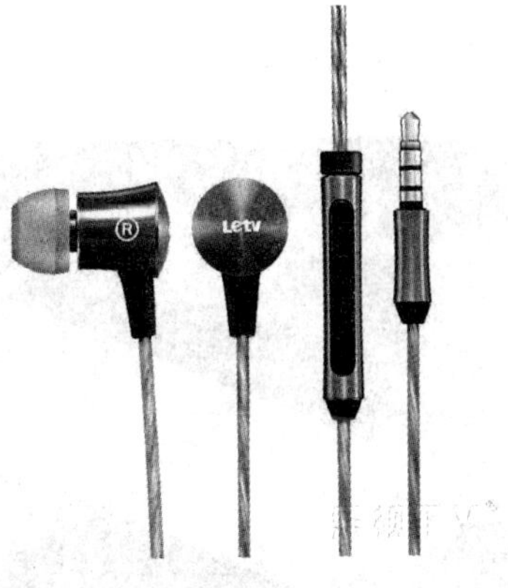

图 1-17　线控耳机

3. 充电宝

充电宝大小和手机相似，一次充满电可以为手机充电 1～3 次，使用续航时间较短的手机或者外出时，充电宝是保持手机电力充足的必备工具，如下图 1-18 所示。

图 1-18 充电宝

4. 手机贴膜和使用手机保护套

手机贴膜可以保护手机屏幕，防刮花、防灰尘，保护套可以保护手机防摔防磨(图 1-19、图 1-20)。

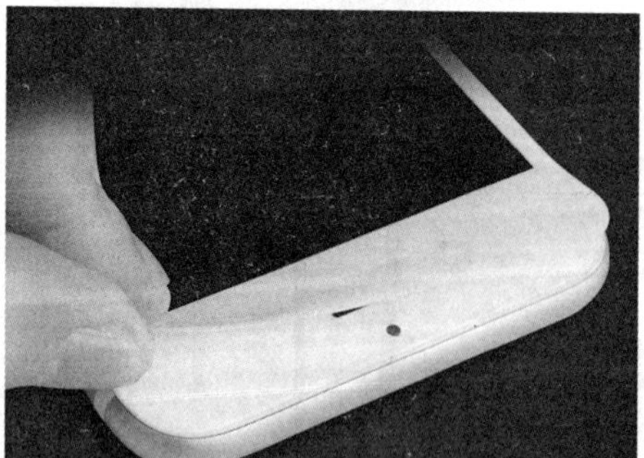

图 1-19 手机贴膜

图 1-20 手机保护套

5. 自拍杆

使用手机给自己拍照时使用自拍杆可以延长你的手臂，更方便取景，拍照时按动自拍杆末端的按钮就可以完成拍照，不使用时折叠起来非常小巧，使用和携带都很方便，如图 1-21 所示。

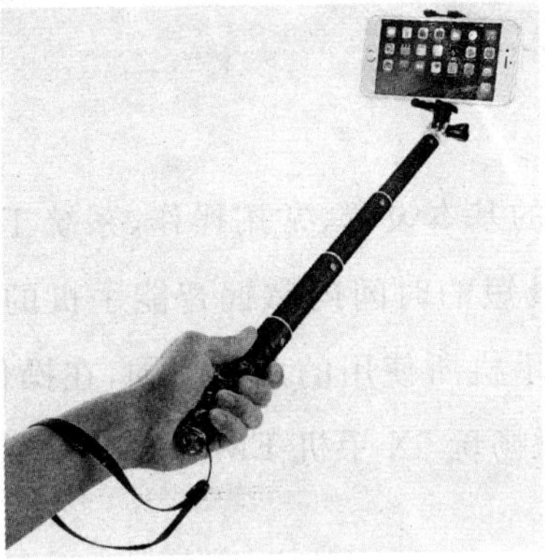

图 1-21 自拍杆

项目二　掌握智能手机的基本操作

本项目从智能手机的基本设置、常用操作、系统工具、安全规范等几方面入手，使农民朋友能在最短的时间内掌握智能手机的使用方法和常用技巧。因不同品牌型号的智能手机所使用的系统不同，在操作界面和功能上也略有差异，本项目以华为荣耀畅玩 5X 手机 EMUI4.01 系统为例介绍，其他品牌型号的手机可参照使用。

任务一　智能手机基本操作

【任务目标】掌握智能手机的通话、收发短信、拍照、摄像、添加与删除应用等基本操作技巧。

一、智能手机的外观与主界面

荣耀畅玩 5X 手机的外观主要由上部的前置摄像头①、听筒②，顶端的耳机插孔⑦，正面的屏幕，后面的主摄像头⑥、指纹键⑨，侧面的音量调节键③④、电源键⑤，以及底端的充电端口⑩等组成，如图 2-1 所示。充电端口、USIM 卡槽、存储卡卡槽详见图 2-2。

开机或按电源键唤醒屏幕后，横向滑动手指可完成屏幕解锁进入主屏界面，如图 2-3 所示。

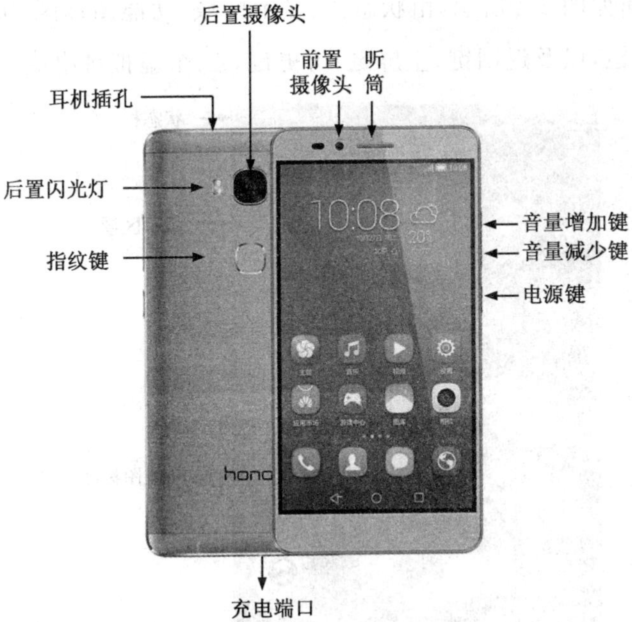

图 2-1　手机外观

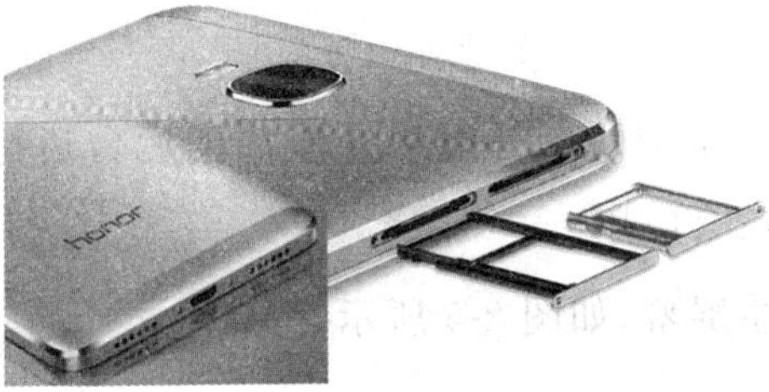

图 2-2　手机底部与 USIM 插槽

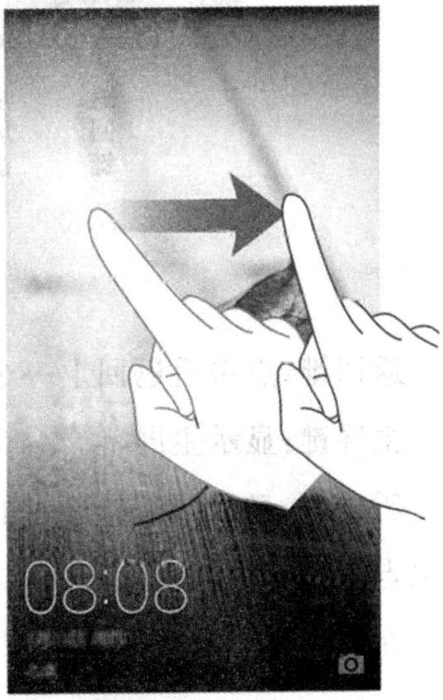

图 2-3　解锁屏幕

主屏界面如图 2-4 所示，由状态栏、显示区域、功能图标区、屏幕切换指示条、快捷操作栏，以及返回键、主屏键、历史键，三个虚拟键组成。

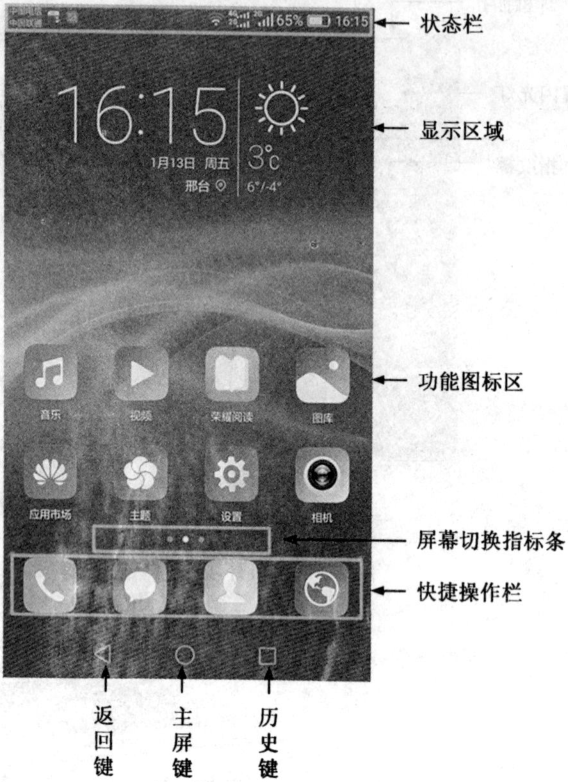

图 2-4　主屏界面

返回键：点击后返回上一个画面，或退出应用。

主屏键：显示主屏幕。

历史键：显示最近打开过的应用，上滑应用图标可终止应用的后台运行，可以点击删除按钮清除所有未锁定的后台应用。

在主屏幕上左右滑动可查看扩展主屏幕，如图 2-5 所示。

图 2-5　滑动屏幕

二、通话功能

1. 添加联系人

（1）点击图 2-4 主屏界面中的“联系人”图标，在打开的联系人界面中点击新建联系人图标。打开新建联系人界面（图 2-6），依次填写联系人姓名、手机号码等信息，完成后点击屏幕右上角的✓确认。

（2）在联系人界面中也可以点击扫名片图标，对联系人提供的名片进行扫描识别，系统会自动完成姓名、手机号等信息的填写。

（3）对于近期接打过电话的新建联系人，可点击图标，打开拨号界面，如图 2-7 所示，点击欲建联系人对应电话号码后的ⓘ图标，在打开界面中点击新建联系人，即可完成新建联系人的操作。

2. 拨打电话

（1）在主屏界面，点击图标，打开如图 2-7 拨号界面，使用虚拟键盘输

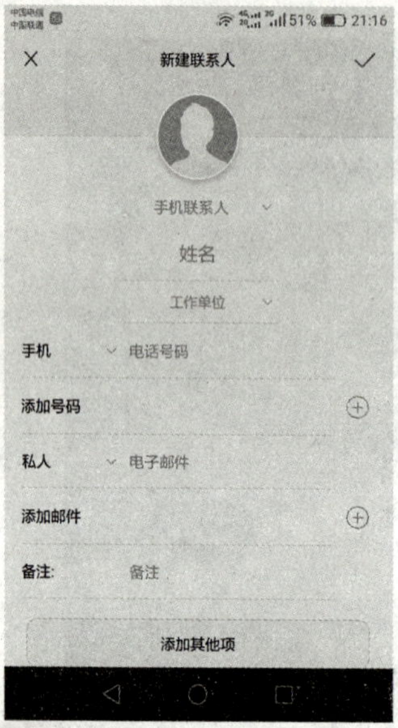

图 2-6 新建联系人

图 2-7 拨号界面

入电话号码，直接拨出。如果手机中有两张通信卡则需要选择使用卡 1 或卡 2 后拨出。

(2)可以选择拨号界面中的历史通话记录，点击相应电话号码拨出。

(3)点击拨号界面中的“联系人”如图 2-8 所示，在联系人界面中可按联系人姓氏声母检索。如要查找李朋的电话，可点击右侧“L”，画面中将显示“李”“林”“梁”等姓氏联系人，点击联系人姓名并在弹出的画面中点击电话号码即可拨出。可以在联系人搜索框中直接输入联系人姓名的拼音首字母，快速定位联系人。如查找刘红敏可在搜索框中输入“L hm”，如图 2-9 所示。

3. 调整通话音量

拨号中或通话中可按“增大音量”键、“减小音量”键，调整通话音量大小。

4. 通话中录音，通话中查询电话本

在通话过程中，如果感觉通话内容非常重要，可以在如图 2-10 通话界面中点击图标①进行通话录音，通话结束后可在通知栏查看录音文件位置和复听录音内容。

图 2-8　联系人

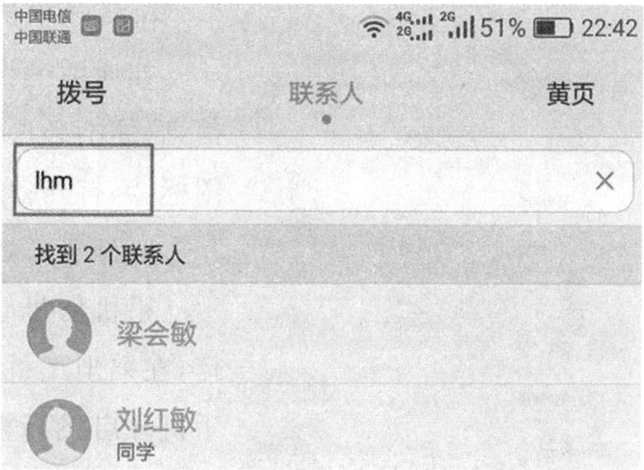

图 2-9　快速检索联系人

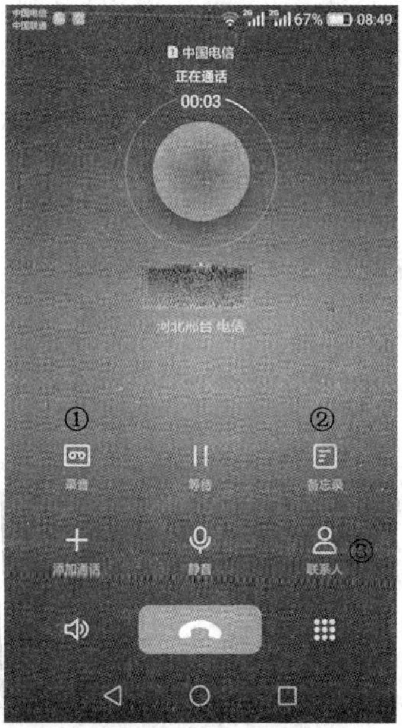

图 2-10　通话中界面

视频：拨打电话

如果通话中对方向你询问其他人的电话号码，你也不必挂断电话查找，可以在图 2-10 通话中界面内点击图标③，直接打开联系人界面查找。查找结束后可按返回键返回通话中界面。

图 2-11　飞行模式开关

5. 通话中使用记事本记录信息

如通话过程中需要记录电话号码、地址等信息，你不必再去找纸笔，直接在通话界面点击图标②，打开备忘录，记录信息。

6. 使用飞行模式

手机信号会干扰飞机上的电子设备和通信，在乘坐飞机时，请按照工作人员的要求，将手机开启飞行模式或关机。开启飞行模式后，手机将无法使用网络和通信功能，但你仍然可以使用手机中的本地娱乐功能，如音乐播放器、游戏等。点击主界面中的图标，打开设置界面，如图 2-11 所示，点击飞行模式滑块即可打开或关闭飞行模式。当手机处于飞行模式时，主界面如图 2-12 所示。

图 2-12　飞行模式下主界面

三、收发短信息

1. 发送信息

点击主屏界面下的图标，打开信息窗口界面，如图 2-13 所示。点击新建，打开图 2-14 新建信息界面，在②收件人框中输入对方电话号码或在①近期联系人中选择收件人，也可以点击③联系人图标，打开联系人窗口界面选择收件人，如图 2-15 所示。在图 2-14 输入信息框④内输入信息内容，完成后点击发送，如手机安装有多卡，则需选择服务商并发送，如图 2-16 所示。

图 2-13　信息界面

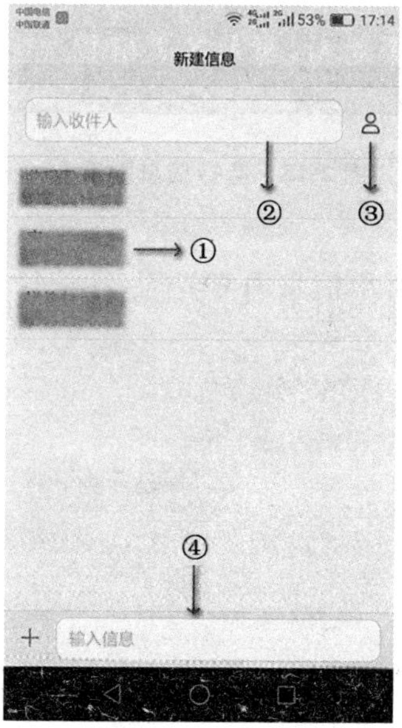

图 2-14　新建信息

提示：可以在图 2-15 联系人窗口选择多位联系人，这样一次就可以将同一内容信息发送给多人。

2. 回复短信

主界面点击信息图标，打开“信息”画面，点击某条历史信息，则进入如图

图 2-15　选择信息联系人

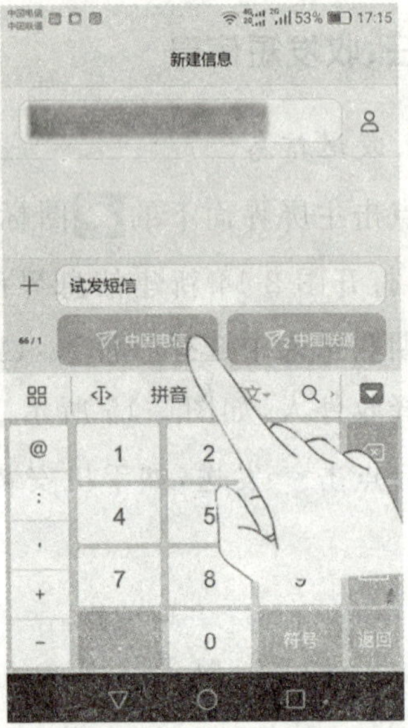

图 2-16　发送信息

2-17 所示信息回复界面，在信息输入框内输入回复内容，点击发送。

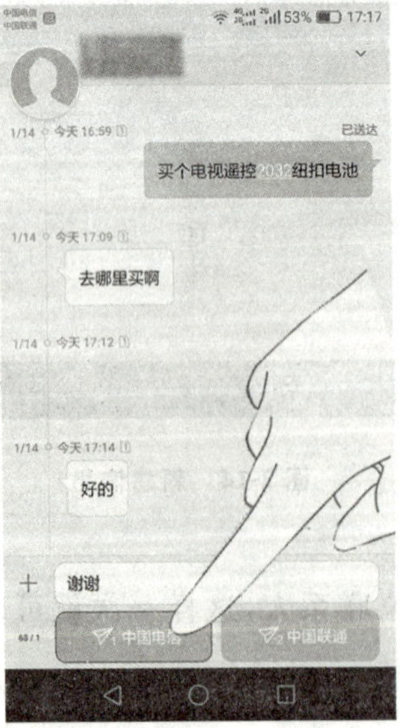

图 2-17　回复信息

视频:发送与回复短信息

3. 设置与使用输入法

当点击信息输入框时，系统会自动弹出默认输入法，本项目使用的为“百度输入法华为版”，如图 2-18 所示。点击可进入图 2-19 英文输入状态。点击可进入图 2-20 所示符号输入状态。点击可进入图 2-21 所示数字输入状态。点击可返回上一输入状态。键用于删除前一个字符，键用于换行。

图 2-18　中文输入

图 2-19　英文输入

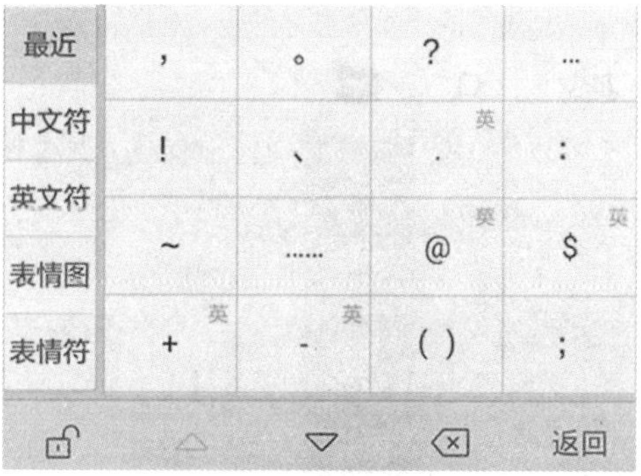

图 2-20　符号输入

图 2-21　数字输入

在中文输入状态下，输入每个汉字汉语拼音字母所在的键，即可输入汉字。如“中”字可输入 zhong，依次按、、、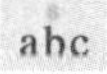、键。

在英文状态下，点字母键可直接输入英文字母，按  再点击字母按键可输入一次大写字母，长按字母键可划动选择输入大写字母、小写字母、键上符号。

长按  键，可以进行语音输入，如图 2-22 所示。读出信息内容即可。

长按 拼音 ，可选择使用手写输入，如图 2-23 所示，进入手写输入状态，如图 2-24 所示，依次用手指在手写区域内写出汉字即可。

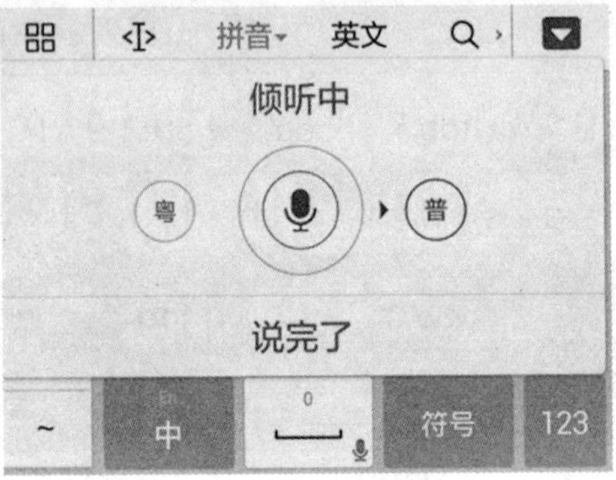

图 2-22　语音输入

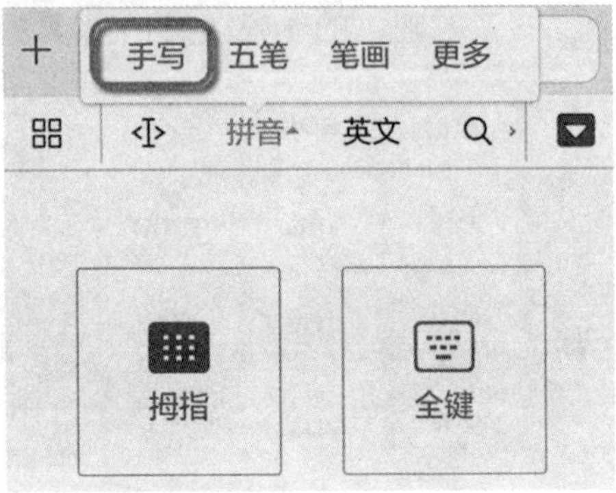

图 2-23　选择手写输入

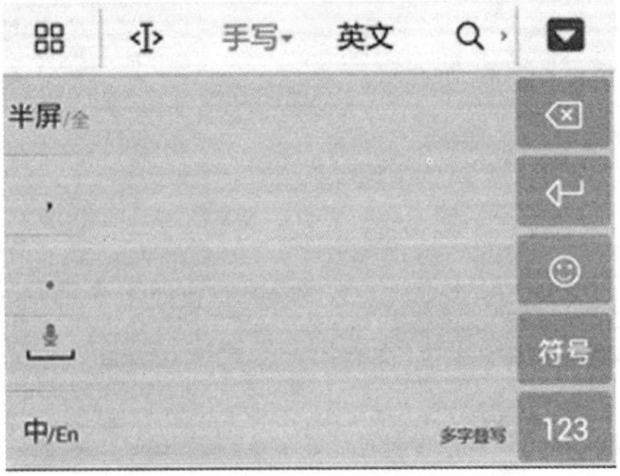

图 2-24　手写输入

4. 设置信息送达报告

信息窗口点击“菜单”“设置”“送达报告”如图 2-25 所示。所发信息如被对方接收，信息旁会提示“已送达”字样，如图 2-26 所示。

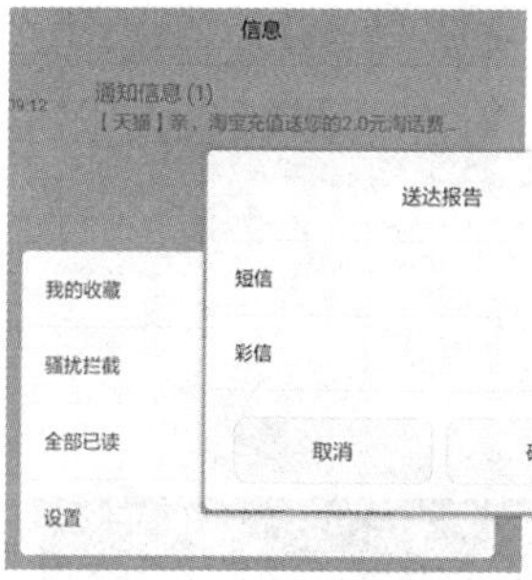

图 2-25　信息送达报告设置

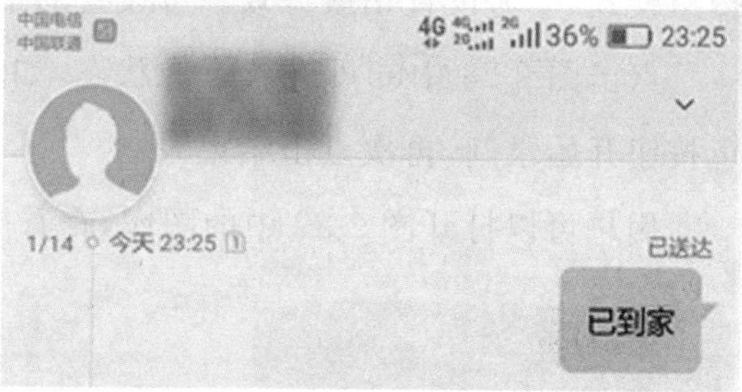

图 2-26　已送达提示

四、拍照与摄像

在主屏界面点击相机图标，如图 2-27 所示，打开拍照界面如图 2-28 所示。

图 2-27　主屏相机图标

图 2-28　拍照界面

持手机对准拍摄对象，系统会自动对焦，画面清晰后点击如图 2-28 中⑧所示拍照按键，即可完成拍照，可点击④键查看拍照效果，查看后可按返回键返回拍摄界面。图 2-28 中①为打开/关闭闪光灯、②为切换前后摄像头、③为设置拍摄模式、⑦为设置拍摄特效。可设置的拍摄模式如图 2-29 所示。

点击图 2-28 中⑥可进入录像状态，如图 2-30 所示，对准录制对象点击红色按钮开始录制，再次点击结束录制。

用户可以打开图 2-27 中的图库，查看照片与视频。

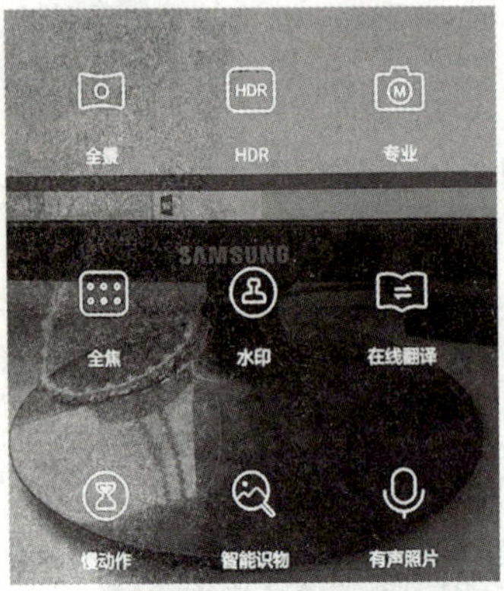

图 2-29 拍照设置项

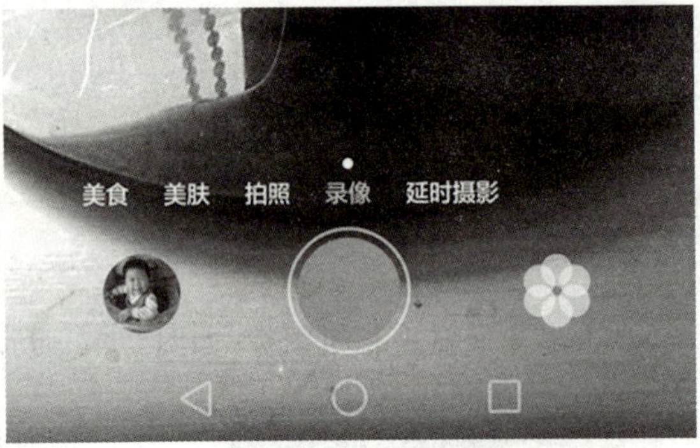

图 2-30 录像界面

五、添加与删除应用

用户可以通过应用市场下载、安装手机应用（App），使用手机拥有新的功能。

在手机主屏界面点击图标，打开如图 2-31 所示华为应用市场，查找“铃声多多”应用，单击“铃声多多”图标，打开应用详细信息画面，如图 2-32 所示，点击下部的安装按钮，系统执行下载和安装，安装完成后，手机主屏界面将多出图标，点击该图标就可以运行铃声多多应用为手机设置时尚的铃声了。

图 2-31　华为手机应用市场

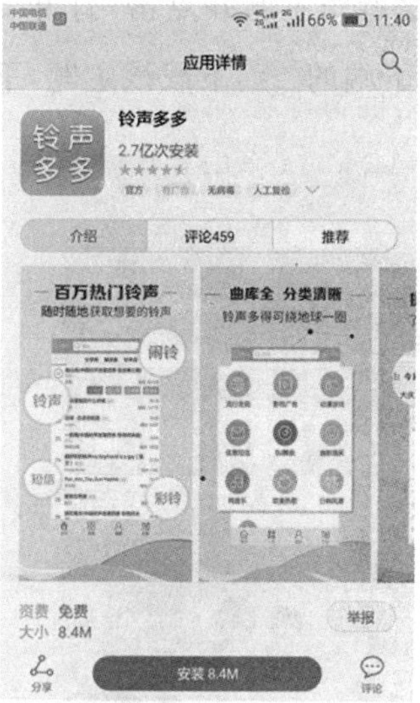

图 2-32　铃声多多详细信息界面

删除手机中的应用，可以将主界面中的应用图标拖拽至屏幕顶端放入垃圾筒中卸载。

任务二　设置手机选项

【任务说明】通过对手机主题、壁纸、音量、铃声、屏幕亮度以及蓝牙、WiFi、移动数据开关等项目进行设置，使手机更具人性化，更符合使用者的爱好和使用习惯。

1. 下载手机主题

通过下载和应用手机主题，可以一次更改手机锁屏壁纸、桌面壁纸、图标外观，甚至操作方式，使手机呈现一种全新的使用风格。各个手机厂家采用免费或收费的方式推出了大量的不同风格主题供用户下载。

点击主屏界面图标，打华为主题列表，如图 2-33 所示，向下划动屏幕，

查找 3D 水族馆主题并点击，打开 3D 水族馆主题细节介绍，如图 2-34 所示。点击屏幕下端的 ，下载该主题，下载完成后点击 ，应用主题。

图 2-33 主题列表

图 2-34 3D 水族馆主题

应用 3D 水族馆主题后，主屏界面外观如图 2-35 所示，锁屏界面如图 2-36 所示。

视频：设置手机界面效果

视频：下载与应用主题

2. 设置壁纸

点击主屏“设置”图标，点击“显示”项，点击“壁纸”。在打开的如图 2-37 所示画面可以设置壁纸相关的项目。如更改“锁屏壁纸”“桌面壁纸”，壁纸切

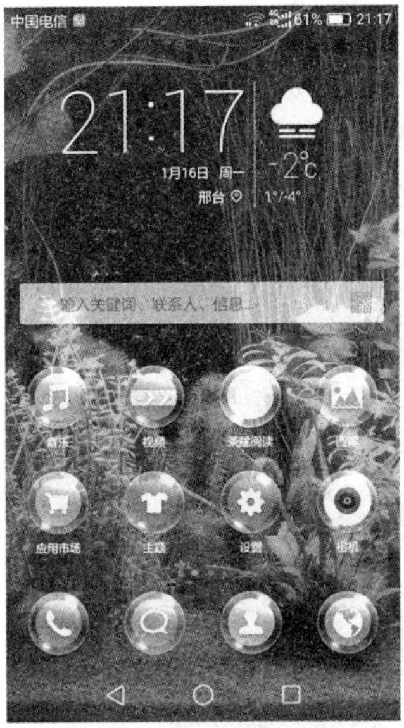

图 2-35　应用主题后主屏界面

图 2-36　应用主题后锁屏界面

换方式等。

3. 设置来电铃声

主屏界面点击“设置”图标，点击“声音”，点击“来电铃声”，在“铃声选择”界面可以为系统指定来电铃声或音乐。

4. 设置系统音量

主屏界面点击“设置”图标，点击“声音”，点击“音量”，在音量调节窗口，可以设置铃声、媒体、闹钟及通话音量。如图 2-38 所示。

5. 设置屏幕亮度

主屏界面点击“设置”图标，再依次点击“显示”“亮度”，即设定屏幕显示亮度。

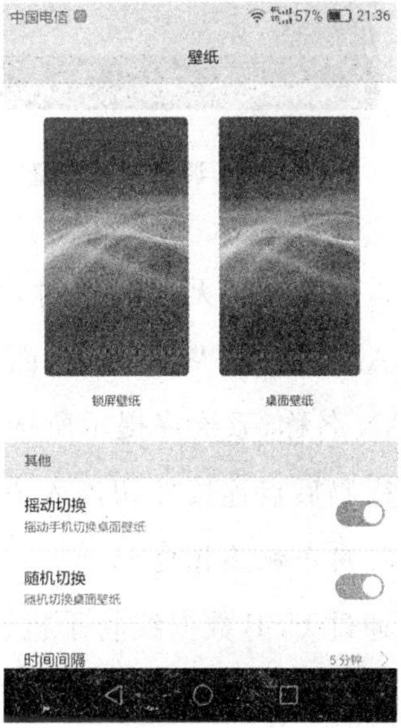

图 2-37　壁纸设置

6. 打开与关闭 WiFi、蓝牙与移动数据

从手机屏幕顶端状态栏向下划动，打开开关面板，如图 2-39 所示。在此面板可以打开或关闭蓝牙、WiFi、移动数据等功能，此外还可以设置开关手电筒、打开与关闭系统声音、设置画面自动旋转等。

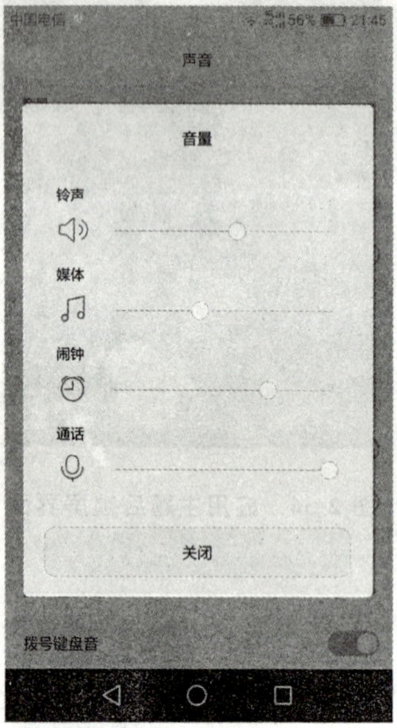

图 2-38　调节系统音量

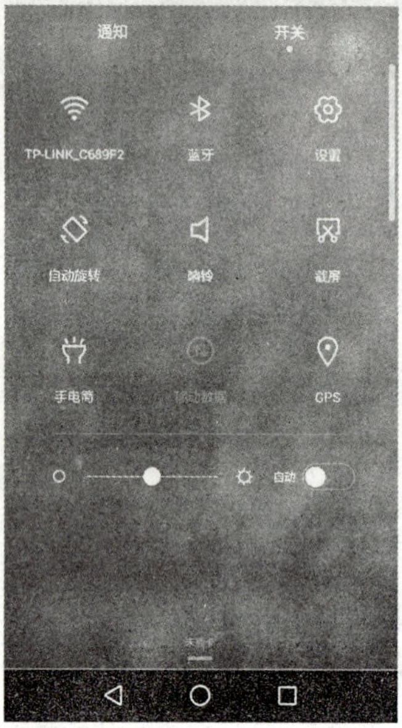

图 2-39　开关面板

首次连入某无线网络时，可通过点击主屏画面中的“设置”图标、再点击“WLAN”项，在 WLAN 界面打开 WLAN 开关，在 WLAN 列表点击可用 WLAN 名称，系统将提示所选无线网络信号强弱信息，并要求输入密码，正确输入密码后点连接按钮连入该无线网络，结果如图 2-40 所示。

7. 用手机连接电脑

通过 USB 数据线将手机连接电脑，从状态栏处向下滑动，打开通知面板，将 USB 已连接设置为管理文件。电脑端，系统会自动安装驱动程序。点击电脑中新出现的盘符可以查看与管理手机上的文件。

图 2-40　正确连接 WiFi 后提示信息

任务三　活用系统工具

【任务说明】智能手机系统自带了许多实用小工具，如手电筒、计算器、备忘录等，熟练掌握这些工具可以使用我们的生活更加的便利。

1. 设定闹钟

点击主屏界面中的图标，打开如图 2-41 所示画面，在此画可以设定闹钟、设置时区及时间显示方式、使用秒表与倒计时功能。

2. 日历提醒

点击主屏界面中的图标，打开如图 2-42 所示。首先点击选择活动日期，如 2017 年 1 月 27 日，再点击屏幕下方的新建活动，填写活动标题及时间。系统默认会在活动开始 10 分钟前响铃提醒手机用户。

3. 录音机

点击主屏界面休闲娱乐组件中的图标，打开如图 2-43 所示录音机画

面，点击开始按钮可开始录音，点击完成可结束录音。

图 2-41 设置闹钟

图 2-42 日历

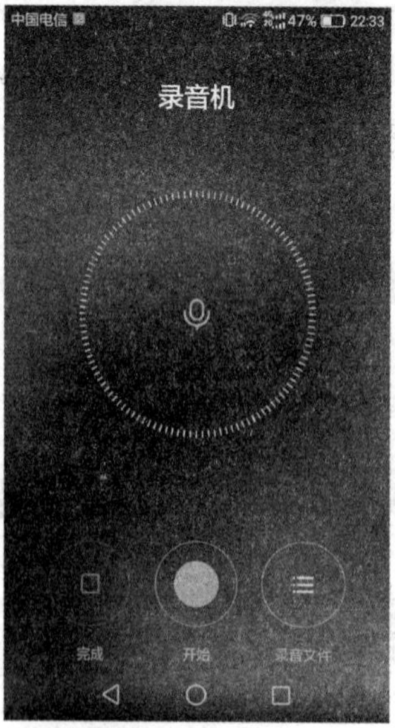

图 2-43 录音机

4. 备忘录

点击主屏界面，轻松工作组件中的图标，打开如图 2-44 所示备忘录界面。点击新建可以输入备忘内容，可以插入图片信息，完成后点击屏幕右上角的对号确认。

5. 手电筒

点击主屏界面实用工具组件中的图标，打开如图 2-45 所示手电筒。点击手电标志可打开与关闭手电筒。也可以通过下划状态栏操作开关面板打开或关闭手电筒。

6. 计算器

点击主屏界面实用工具组件中的图标，可

打开简易计算器工具,横置屏幕可转换至功能更强大的科学计算机器(图 3-46)。

图 2-44　备忘录

图 2-45　手电筒

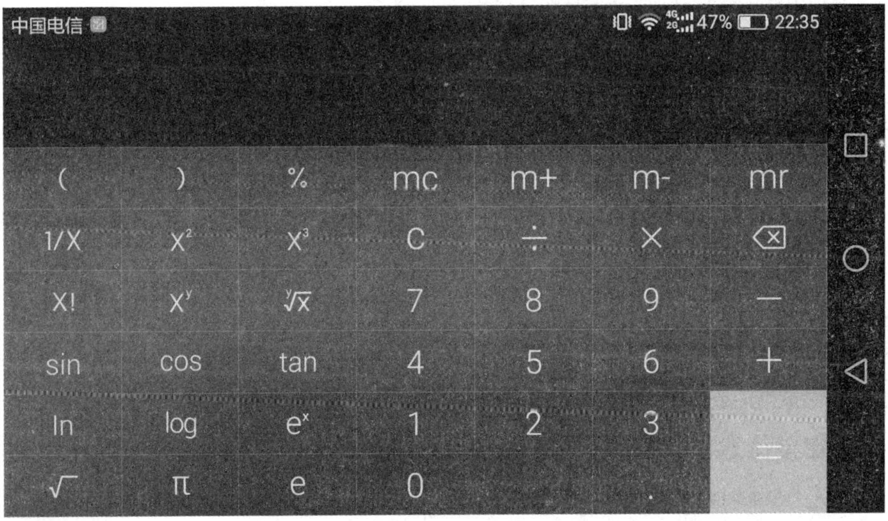

图 2-46　科学计算器

任务四 智能手机网络安全

【任务说明】从手机资费构成、移动数据控制、重要资料备份、手机的安全使用与管理等几个方面入手，使用户形成良好的手机使用习惯。

1.正确为手机充电

智能手机耗电量大，我们几乎天天要为手机充电，那么在为手机充电时要注意些什么呢？

(1)尽量随用随充，不要每次都将电用完之后再充。

(2)使用手机原配充电器，不要与其他品牌手机混用充电器。

(3)充电时可以使用手机，但尽量不使用占用系统资源高的应用，较高的发热量对手机电池不利。

2.手机费用组成

手机采用预缴费制，移动通信运营商推出了许多资费标准，不同标准之间费用组成可能有较大差异，通常包括以下内容。

(1)月固定费用。

(2)语音通话费，包括本地通话费、异地通话费、漫游费。

(3)增值业务费，点对点短信费、炫铃使用费等。

(4)数据流量费。

(5)第三方服务费。

固定服务费在开通手机服务时会有约定。通话费一般是手机费用的主要形成部分，尤其到外地(外省或外地市)可能会产生高额的异地通信费和漫游费。移动数据服务通常也有省内和国内使用的区别，在外地使用移动数据服务时一定要注意你开通的是省内服务还是国内服务。如果移动数据流量使用超出预定限额，也易产生高额的流量使用费，可考虑使用运营商推出的各种流量包服务。第三方与运营商合作提供收费服务项目，如点歌服务、定时推送服务等，这些服务常会经过第三方短信或语音营销手段推广，如有定制也会产生意外的费用。在手机使用中建议经常通过运营商网上营业厅或手机 App 查看自己手机使用费用清单，一旦发现与自己实际使用情况不符时好及时与运营商联系解决。图 2-47 为联通手机 App，登录后可查询历史账单、通话详单、短信详单、上网流量详单等内容。

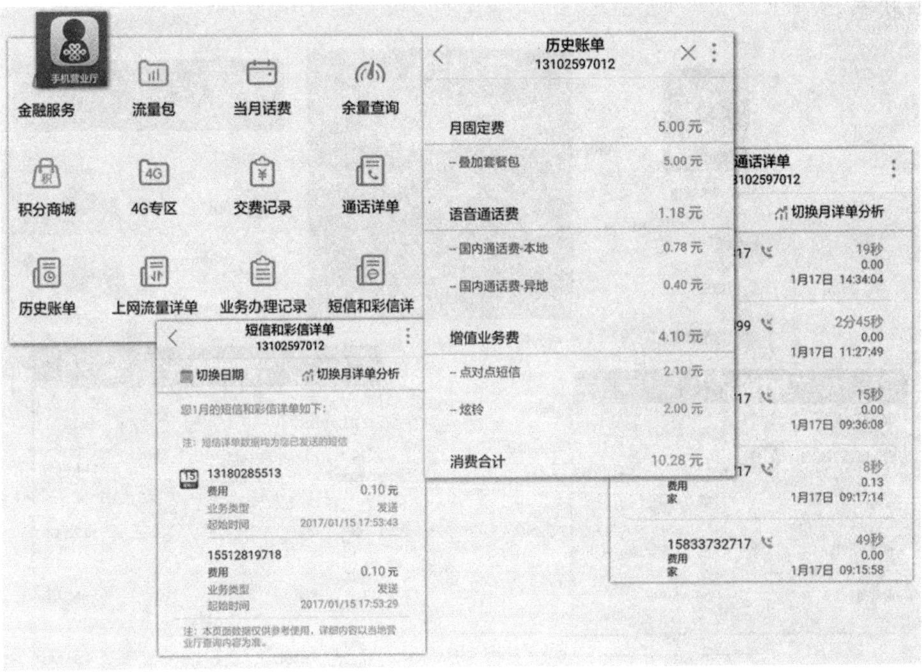

图 2-47　手机费用查询

3. 谁偷走了我的流量

我们在使用智能手机时常常感觉流量不够用，到底是谁在使用数据流量，可以通过以下操作查看和管理。

点击主屏界面“设置”图标，点击“流量管理”项，如图 2-48 所示。“套餐设置”可以预设运营商提供的月流量限额，一旦使用超限，系统会发出提醒。“应用联网”项可以管理安装的应用联网方式，对于不经常使用的应用或消耗流量较大的应用建议仅用 WLAN 方式联网，如下载类应用、观看视频类应用等，而对于随时都要使用的应用如即时通信类应用（QQ、微信等）可以选择移动数据和 WLAN 两种方式。通过 4G 使用详情可以监督各应用使用数据流量情况，对于不正常的流量使用可以关闭相应应用的移动数据使用权限。

用户可以使用开关面板(第 36 页图 2-39)打开或关闭移动数据、WLAN 的使用，状态栏中为使用 WLAN 状态，为使用移动数据状态。

图 2-48 手机数据流量管理

4. 备份重要资料

(1)使用导出导入联系人功能。

本功能可以将手机联系人信息备份成 vcf 格式文件，用户可以将此文件保存在手机以外，当联系人信息丢失或更换新手机后，用户可以将此 vcf 格式文件信息导入手机，以确保联系人信息不会丢失。

导出联系人信息方法。点击主屏界面“联系人”图标，点击“菜单”，点击“导入/导出”，点击“导出到存储设备”。查看导出提示，点击导出。过程如图 2-49 所示。

联系人导出后会在存储介质下生成 00001.vcf 文件，用户可将该文件复制到电脑或网盘中保存。

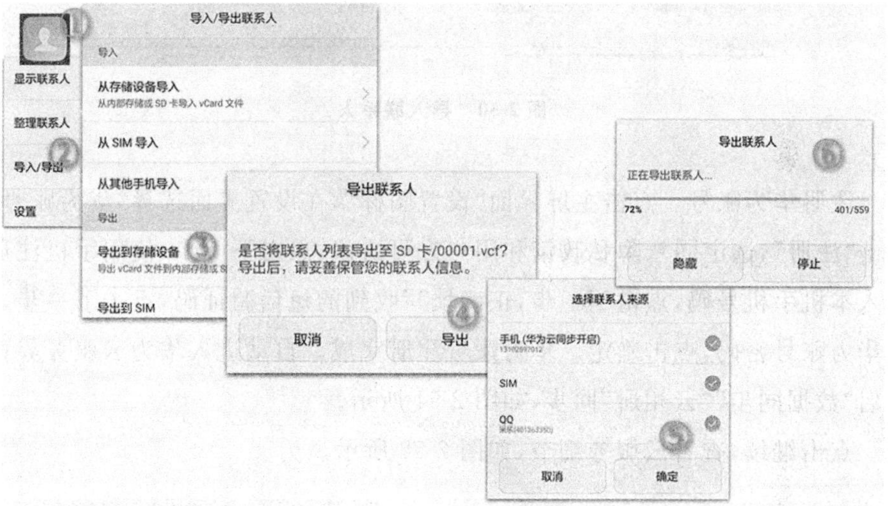

图 2-49　导出联系人

当手机联系人信息丢失，或使用一个新手机时，可以将事先保存的 00001.vcf 文件复制到手机存储介质中，点击主屏界面中的“联系人”图标，点击“导入/导出”，选择“从存储设备导入”。此时手机会自动搜寻 vcf 格式文件，在搜索结果中选定需要导入的文件，点击“确定”，系统会将 vcf 格式文件中存储的联系人信息导入手机联系人列表中。过程如图 2-50 所示。

(2)使用华为云服务。

云服务是现在流行的一种远程备份手机联系人、图片、短信、备忘录等重要信息的服务模式。平时手机正常使用过程中，以上重要信息可以同步备份到云端(远程服务器)，需要时用户可以从云端下载或覆盖手机上的信息，以确保重要信息的不丢失。

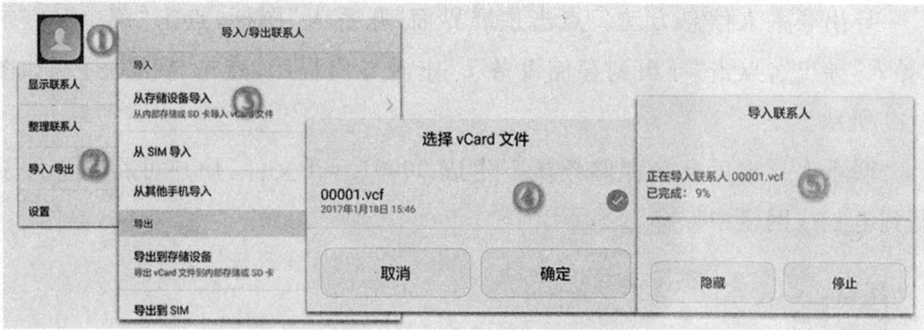

图 2-50　导入联系人

注册华为账号。点击主屏界面“设置图标”，在设置界面选择“华为账号”，点击“注册”，选定同意隐私政策和用户许可协议，点击下一步，使用手机注册，输入本机手机号码，点击下一步，正确填写收到的短信验证码，点击下一步，设置华为账号密码，点击确定。华为账号注册完成。自动进入华为云服务界面，开启“数据同步”“云相册”同步，如图 2-51 所示。

点击继续，查看云服务细节，如图 2-52 所示。

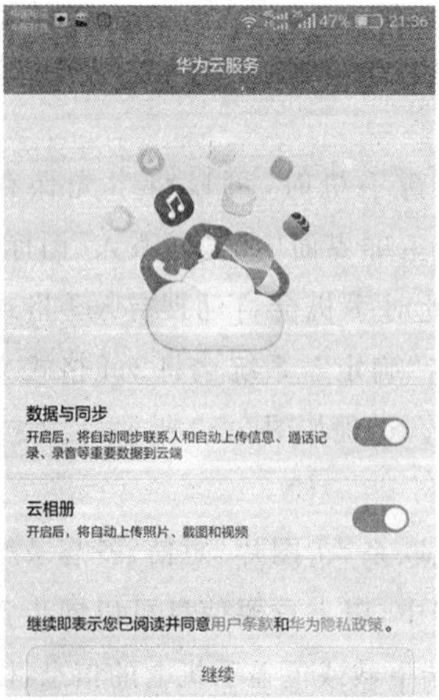

图 2-51　开启华为云服务

图 2-52　华为云服务列表

备份在云端的照片可以在“图库”的“云相册”中查看与管理。

恢复联系人信息，可以通过依次点击“设置”图标、“云服务”“联系人”“整理联系人”“云端覆盖本地”实现。

其他云服务可以通过打开的“华为云服务”界面，选定服务项，点击“下载”实现。

除了手机厂家提供的云服务外，用户还可以选择第三方提供的类似服务，如百度云服务等。

5. 何为 root

“root”是安卓（Android）手机系统的超级管理员帐户。root 具有系统所有权限，比如可以访问手机几乎所有文件、管理所有硬件、管理应用进程等。但手机厂商出于各种原因考虑并不希望用户拥有 root 权限，比如出于安全性考虑不希望用户触碰某些系统文件；出于商业目的不希望用户卸载预装应用等。一些用户为卸载手机预装应用或获取对手机系统的完全控制，通过某些途径获取到 root 权限。

手机 root 可能出现的问题。

（1）root 过程中出现问题，可能使手机产生无法恢复的故障。

（2）root 后如果不小心安装了恶意软件，可能使手机中的个人隐私信息暴露。

（3）root 后手机容易变得不稳定。

（4）个别手机厂商会检测用户是否曾进行 root 操作而影响保修。

用户如果对智能手机系统不是非常熟悉，建议谨慎进行 root 操作。

6. 培养好的安全操作习惯

手机存储我们大量的个人隐私，如朋友家人的联系方式、个人私密照片、QQ、微信、邮箱账号密码、手机银行转账、支付宝、微信支付等。为保障个人隐私安全需注意以下操作事项。

➢ 手机应用一定要从官方应用商店或可信任的应用商店下载。

➢ 不可随意打开来历不明的链接或图片。如 QQ 留言中的链接、微信群中的链接等。即使是朋友发的链接也要谨慎，因为当下 QQ 或微信账号被盗是很平常的事情。

➢ 不要连入未设密码的 WiFi 网络。

➢ 不在陌生群接收红包。

➢ 未经确认安全的二维码,不要随意扫码。

7. 设定锁屏密码

如上所述,手机内存储着我们大量的个人信息,手机一旦遗失,不但可能面临个人隐私暴露的危险,更有可能通过手机银行、支付宝、微信支付等造成财产损失。手机锁屏密码是陌生人打开手机的第一道屏障,也是为我们手机丢失后向运营商挂失而争取时间的有效措施。

设置手机锁屏密码的方法如下。

点击主屏界面中的"设置图标";在打开的设置界面点击"指纹"项;在指纹界面点击"指纹管理";选择解锁方式。可以选择使用纯数字密码解锁,也可以选择数字字母混合密码解锁,只有解锁密码后才可以进行指纹录入。过程如图 2-53 所示。

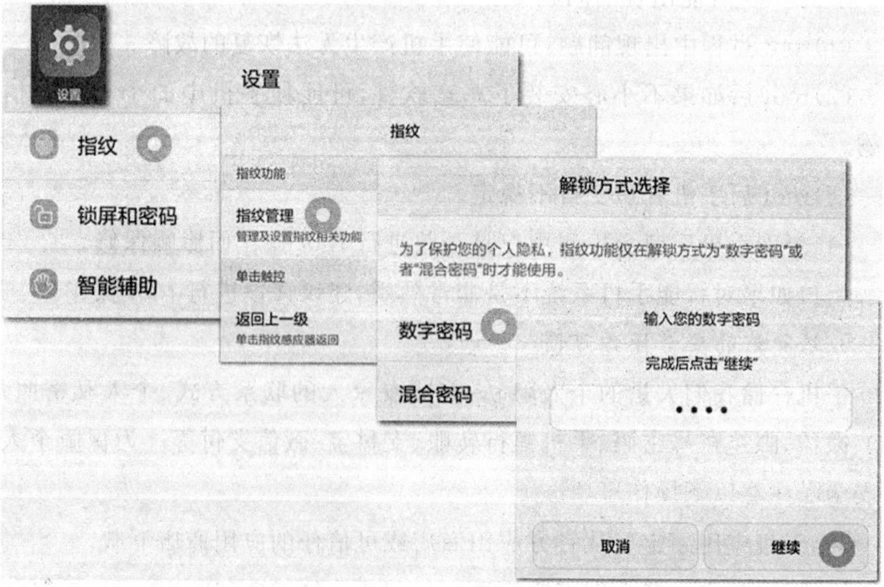

图 2-53 指纹录入(1)

解锁密码设定完成以后，系统会弹出是否录入指纹提示，点击录入。用某一手指正面多次按压指纹器完善指纹信息，直至采集完成，系统提示录入成功。过程如图 2-54 所示。以后再解锁锁屏界面时就可以使用设定的密码解锁，也可以使用指纹快速解锁了。

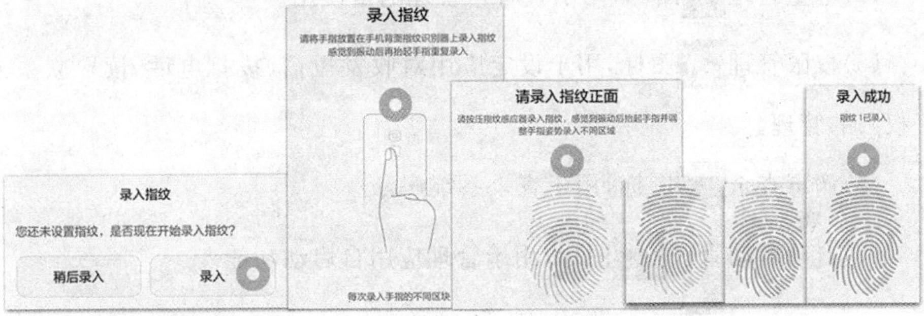

图 2-54　指纹录入(2)

8. 使用系统管理应用软件

手机系统是一个复杂的管理系统平台，长时间使用后会生成许多垃圾文件占用系统空间；一些应用会消耗系统内存拖慢运行速度；如果使用不慎更有可能沾染病毒。对手机系统的管理复杂而又频繁，我们可以借助手机系统管理类应用，将我们对手机系统的维护操作变得专业而轻松。荣耀畅享 5X 手机自带的“手机管家”便是这类应用的佼佼者。

点击主屏界面中的手机管家图标，打开如图 2-55 所示手机管家主界面。

手机管家会对手机系统进行全面检测，包括手机内存使用情况，移动数据管理情况，应用自启动管理情况以及病毒防护、文件管理、电源管理等方面，检测结束给出评价。点击手机管家将进行全面的系统优化，并打开如图 2-56 所示优化结果报告界面，点击“完成”后会返回手机管家主界面。主界面下图标主要功能如下：

(1)清理加速图标，用于执行内存、系统缓存、应用缓存、应用残留及

安装包的清理。可提高系统运行速度，清理垃圾文件。

(2)数据流量管理图标，用于查看与管理移动数据的使用情况。

(3)骚扰拦截图标，用于查看与管理骚扰信息与电话的拦截。

(4)电量管理图标，用于查看与管理电量使用。

(5)权限管理图标，用于设定应用对收发短信、拨打电话、读取联系人等权限的管理。

(6)病毒查杀图标，用于查杀系统病毒。

(7)自动启动管理图标，用于管理应用自启动功能。

(8)应用管理图标，用于管理应用的更新与卸载。

图 2-55 手机管家主界面

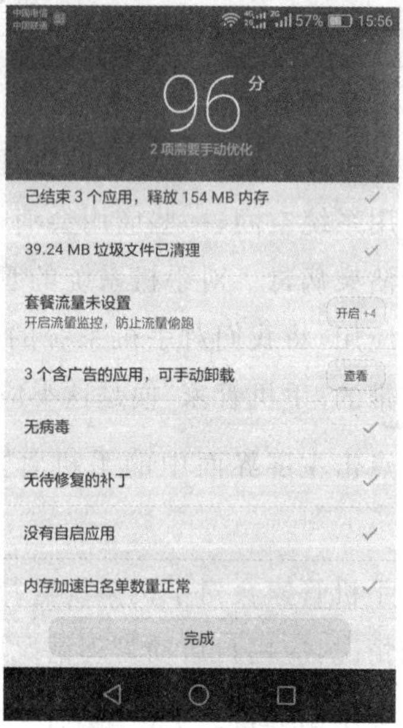

图 2-56 手机管理优化细节

9. 如何恢复出厂设置

手机在长时间使用后经常会出现存储空间不足、打开缓慢、运行卡顿的情况。用户可以通过恢复出厂设置功能，恢复手机开始使用时的状态。不同品牌手机重置手机的操作方法不尽相同，以下是荣耀畅玩5X的操作步骤。

点击“设置”图标，点击“高级设置”项，点击“备份和重置”功能，选择“恢复出厂设置”如图2-57所示。在执行恢复出厂设置前一定要将个人资料（如联系人、照片、备忘录等）在手机外保存，以免丢失。

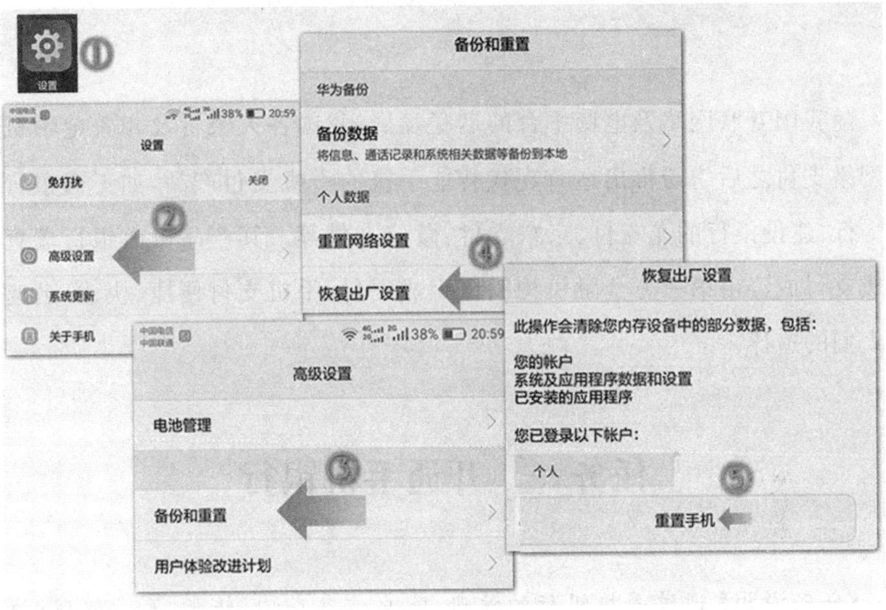

图2-57　重置手机操作步骤

10. 关于刷机

手机刷机是一种改变你手机操作系统的行为，当手机系统出现严重问题，或希望通过变更系统来获得更佳的应用体验时可以进行刷机。但变更操作系统是有风险的，当刷机过程中非正常中断或刷入的系统与手机硬件不匹配都有可能造成手机损毁。因此手机刷机一定要谨慎，或交由专业人员进行。

项目三　手机网上支付

随我国互联网络及电商平台的迅猛发展，我国各大银行及相关金融机构继网络支付之后纷纷推出适宜现代智能手机的手机支付产品，如工商银行的融 e 行、建设银行的龙支付、京东支付、微信支付等。其产品可由银行端直接完成支付或经由第三方金融机构验证完成支付，手机支付便捷、快速，迅速受到人们的追捧。

任务一　开通手机银行

【任务说明】通过手机银行的注册、账户信息查询、转账、无卡取现、消费支付等操作，了解并体验手机银行的一般操作过程。

一、手机银行

随着移动通信技术不断发展以及智能手机的普及，我国各银行纷纷推出自己的手机银行产品，其办理和使用过程类似，此处以中国工商银行个人手机银行为例，介绍其使用概况。

（一）自助注册手机银行

工商银行用户可以通过自助下载工商银行手机客户端自助注册手机银行。使用电脑打开工商银行官方网站（http://www.icbc.com.cn/），使用二维码扫描工具如微信的“扫一扫”功能，如图 3-1 所示，扫描网站底部手机银行二维码，如图 3-2 箭头所指。

如图 3-3 所示，在手机上打开的中国工商银行手机网站画面中点击手机银行图标，打开客户端下载画面，点击“立即下载客户端”按钮（图 3-4），如图 3-5 所示使用浏览器打开，如图 3-6 所示完成客户端下载。下载完成系统会自动进行安装，安装及安装完成界面如图 3-7、图 3-8 所示。安装完成会在手机桌面上生成“中国工商银行”图标，如图 3-7 所示。点击桌面工商银行图标，将进入中国工商银行手机客户端，首先显示的是欢迎界面如图 3-10 所示，稍候便进入客户端主界面，如图 3-11 所示。

图 3-1　微信扫一扫功能

图 3-2　银行手机网站二维码

图 3-3 手机银行网站界面

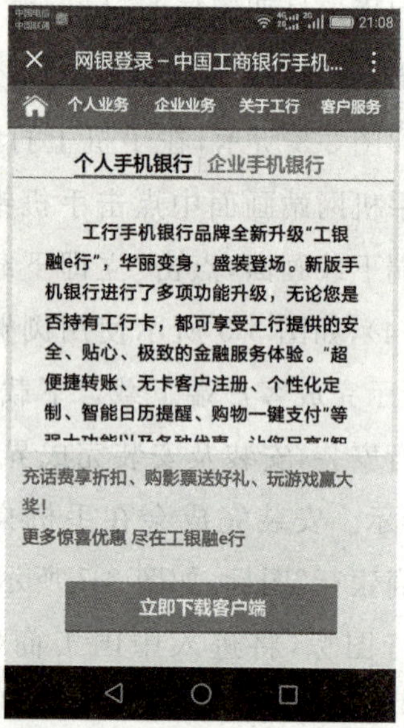

图 3-4 手机银行客户端下载

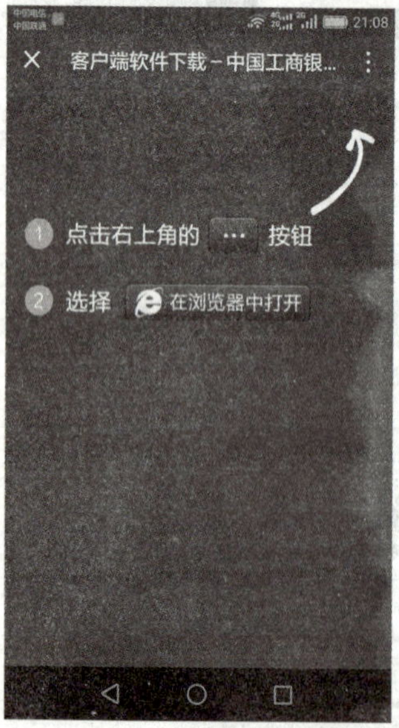

图 3-5 使用浏览器下载提示

图 3-6 下载提示

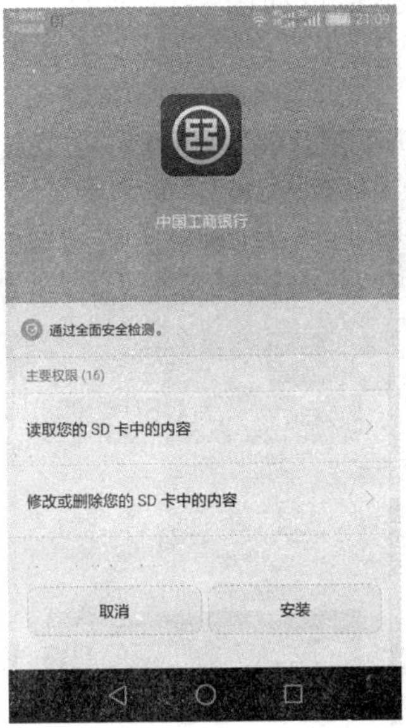

图 3-7　手机客户端安装

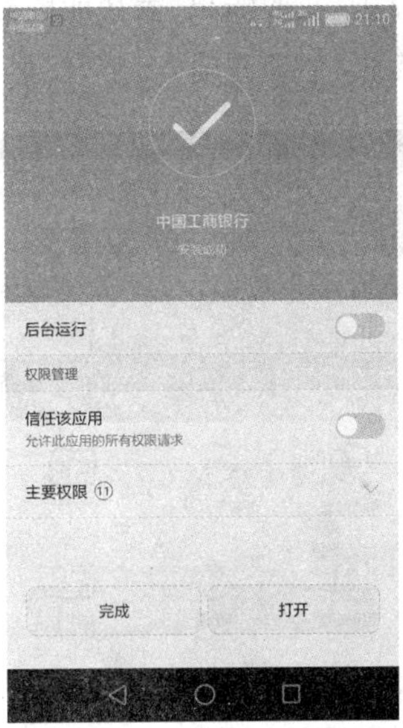

图 3-8　手机客户端安装完成

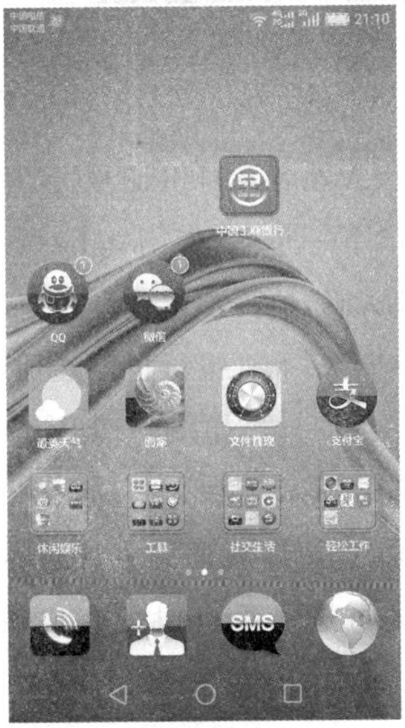

图 3-9　银行手机客户端图标

图 3-10　客户端欢迎界面

点击“我的账户”等功能图标，即可打开登录窗口如图 3-12 所示。自助注册需点击“立即注册”，打开注册界面如图 3-13 所示。

图 3-11　客户端主界面

图 3-12　客户端登录提示

依次填写办理银行卡时填写的手机号、开户人姓名及身份证号，使用填写的手机等待验证短信，正确填写验证码后点击“下一步”。如图 3-14 所示，填写已有的银行卡号、密码，并设定手机银行登录密码，填写预留验证信息，在已阅读服务协议复选框处点击确认，并点击“下一步”。手机银行自助注册成功，如图 3-15 所示。点击“快速登录”后，要求设置支付密码，如图 3-16 所示，设置完成点击确定，提示支付密码设置成功，如图 3-17 所示。

为保障手机银行使用者安全，系统将再次通过短信验证的方式进行设备绑定，如图 3-18、图 3-19 所示。绑定成功后，即可进入手机银行客户端主界面，如图 3-20 所示。

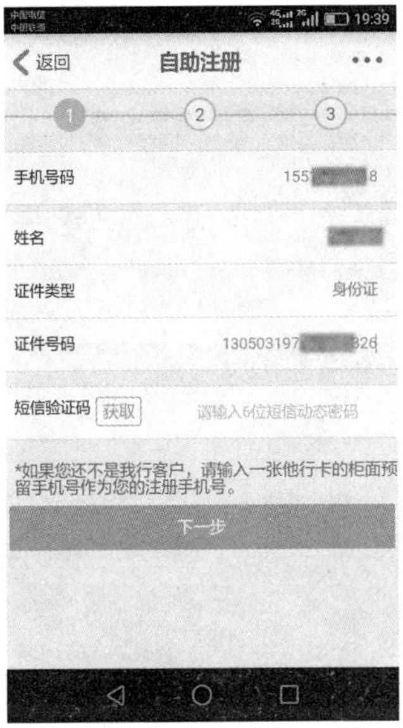

图 3-13　自助注册

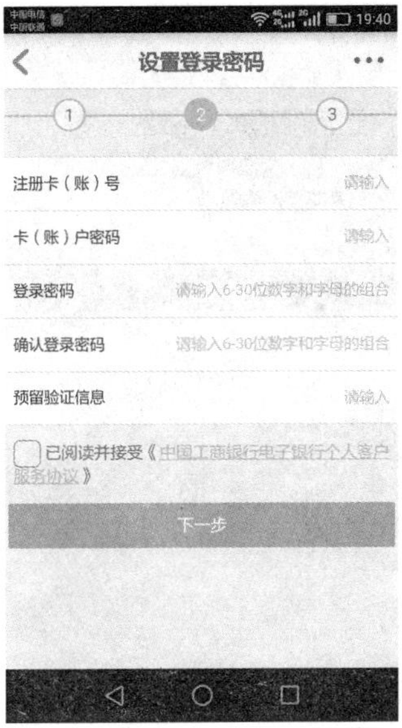

图 3-14　设置登录密码

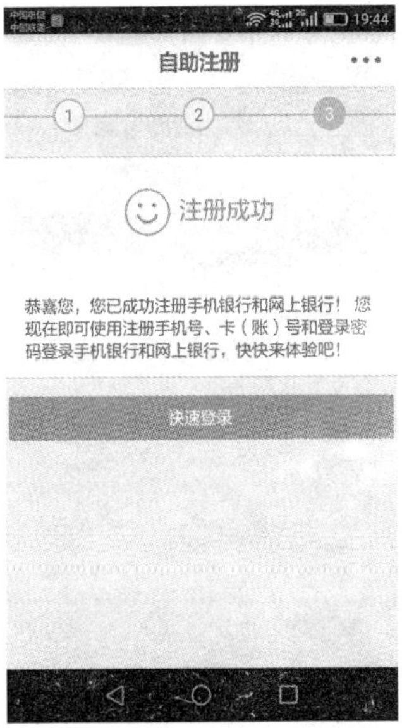

图 3-15　注册成功

图 3-16　设置支付密码

图 3-17 支付密码设置成功

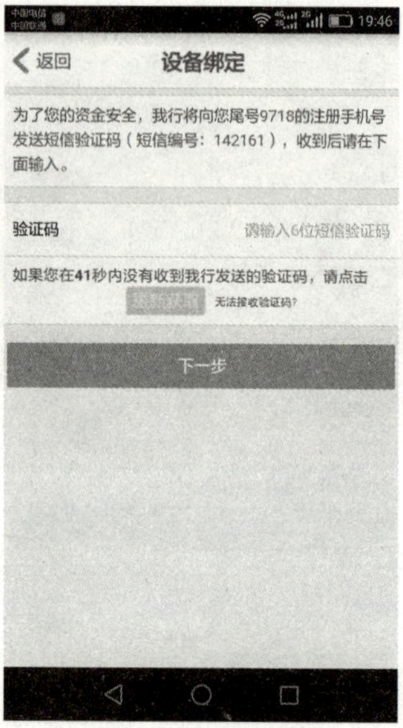

图 3-18 设备绑定

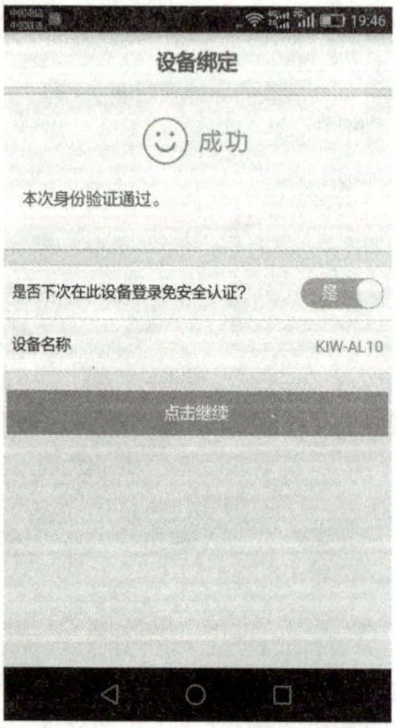

图 3-19 绑定成功

图 3-20 工商银行手机银行主界面

(二)通过银行营业网点柜面注册手机银行

自助注册手机银行交易验证方式为静态密码结合短信验证方式,出于安全因素考虑系统对交易额度和服务功能都有所限制,如果需要更强的交易安全保障和更加丰富的银行账户管理体验则需要到银行营业网点柜面办理手机银行注册。

中国工商银行柜面开通个人手机银行功能需要携带工商银行储蓄卡、持卡人身份证,并要求持卡人亲自到工商银行营业柜面办理,在笔者所在的河北省,当前开通手机银行没有任何费用,并赠送用于交易验证的U盾或密码器,如图3-21、图3-22所示。工商银行手机银行与网银绑定开通,也就是开通手机银行的同时,也为您开通了网银功能,您可以在电脑上获得功能更加强大的账户管理操作体验。

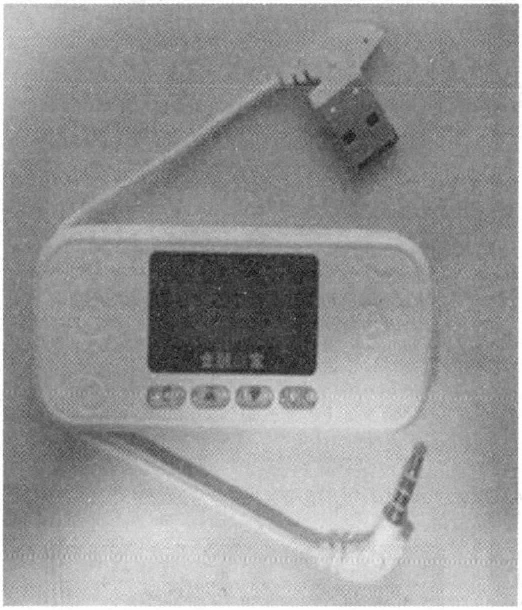

图3-21　工行U盾

图3-22　工行密码器

在银行营业厅办理手机银行成功后,首次使用手机银行或使用中更换手机后均需要下载并安装手机银行客户端 App。下载及安装过程见“自助注册”部分。

打开手机银行客户端，首次登录如图 3-23 所示，点击已注册手机银行，直接登录，在图 3-24 中输入注册时使用的手机号和设定的密码，即可进入客户端界面，如图 3-25 所示。

客户端安装及首次进入建议在银行柜台申请注册时由银行工作人员协助完成。

图 3-23　客户端登录提示

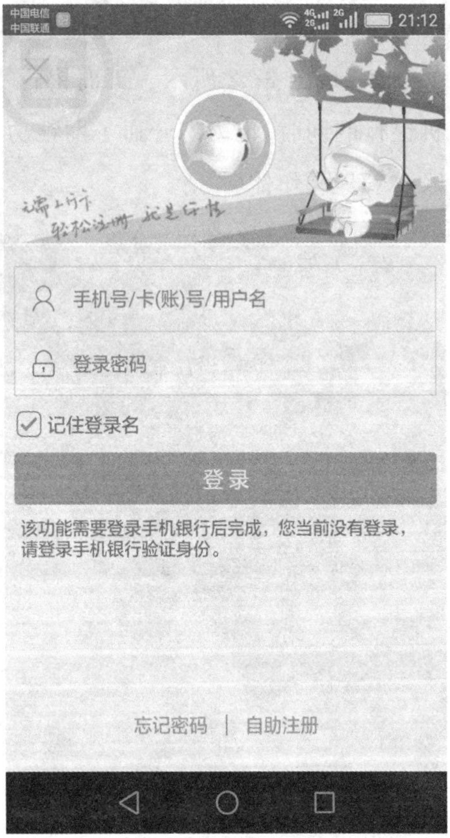

图 3-24　客户端登录界面

图 3-25　客户端界面

（三）通过手机银行查看账户信息与转账

打开手机银行客户端，点击“我的账户”，如图 3-26 所示，显示所有注册账户信息。点击“查看明细”可对查阅相应账户的交易明细，如图 3-27 所示。

在“最爱”界面，点击“转账汇款”，选择“境内汇款”打开如图 3-28 画面，依次填写收款人姓名、收款卡号，收款银行、汇款金额后点击“下一步”。如图 3-29 所示，提示插入 U 盾，将 U 盾插至手机音频接口，如图 3-30 所示。点击确定，如图 3-31 所示输入 U 盾密码。根据提示校验转账信息，并按两次 U 盾“OK”键，完成转账。如图 3-32、图 3-33 所示。

图 3-26 账户信息

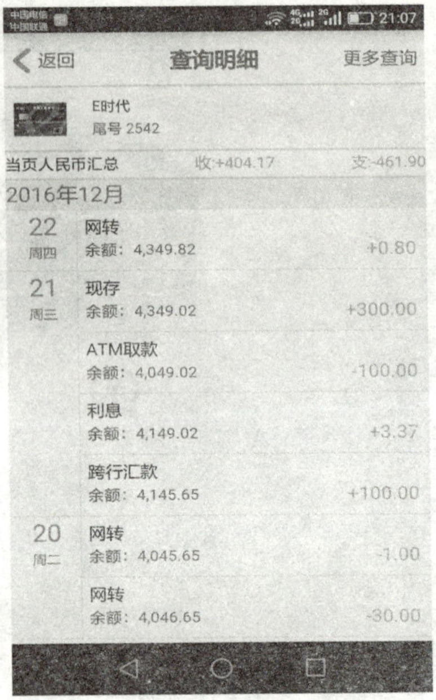

图 3-27 查询明细

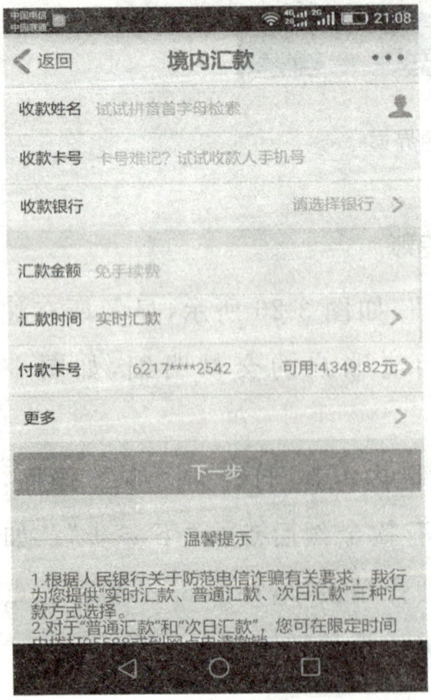

图 3-28 境内汇款

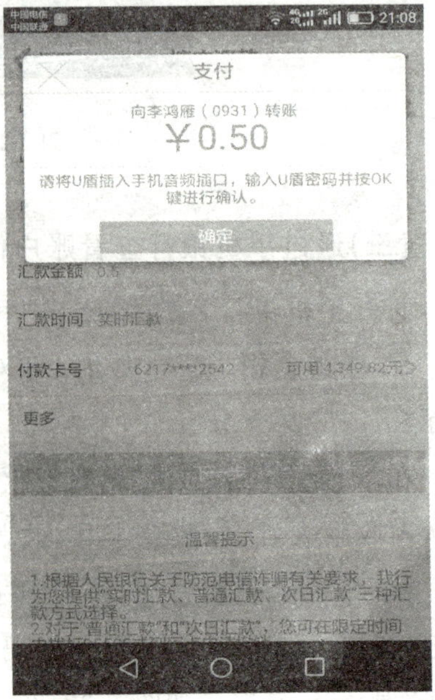

图 3-29 插入 U 盾提示

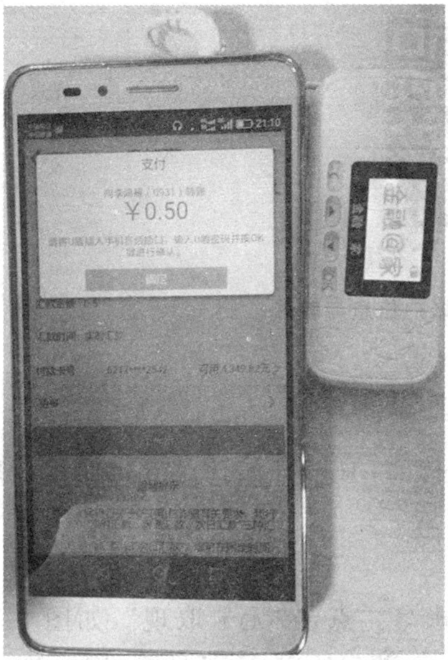

图 3-30　连接 U 盾

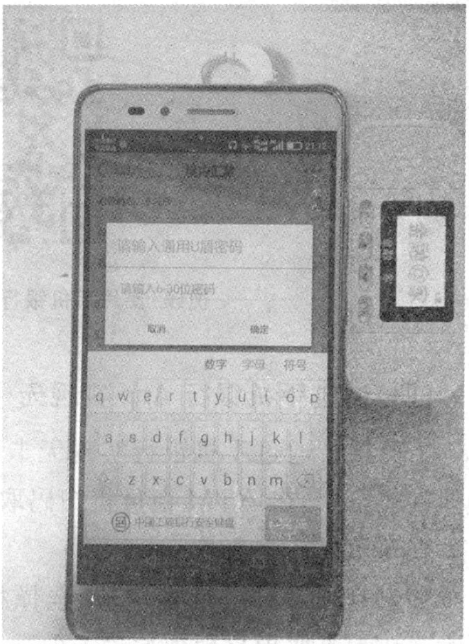

图 3-31　输入 U 盾密码

图 3-32　U 盾确认

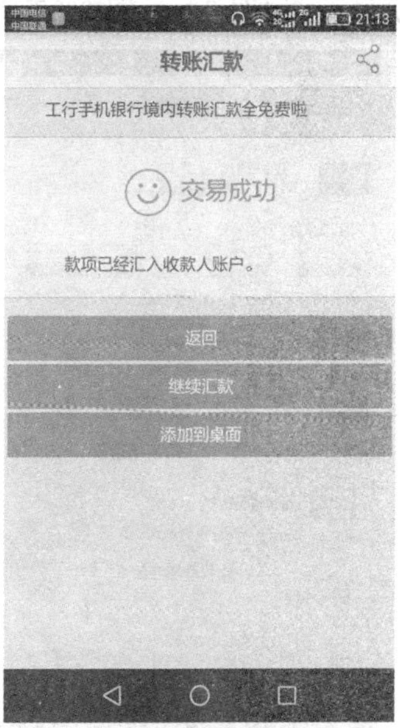

图 3-33　转账成功

视频:使用手机银行查看账户信息与转账

(四)通过手机银行 App 实现无卡取现

工商银行通过手机银行实现无卡取现功能,有两种途径。一是通过预约码的方式,二是在 ATM 柜员机扫码取现方式。

1. 预约码无卡取现

首先打开手机银行客户端,选择相应账号。点击“无卡取现”,如图 3-34 所示。在无卡取现界面依次输入取现金额、预设预约码、有效期,如图 3-35 所示,点击下一步。系统通过短信或 U 盾等方式认证,认证成功显示无卡取现成功界面,如图 3-36、图 3-37 所示。

图 3-34 选择取款账户

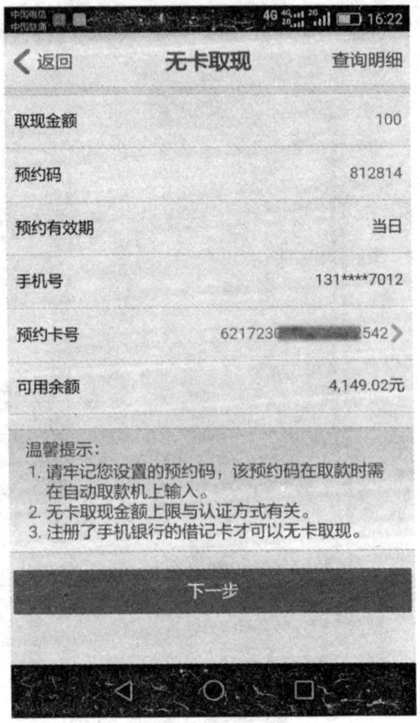

图 3-35 无卡取现功能

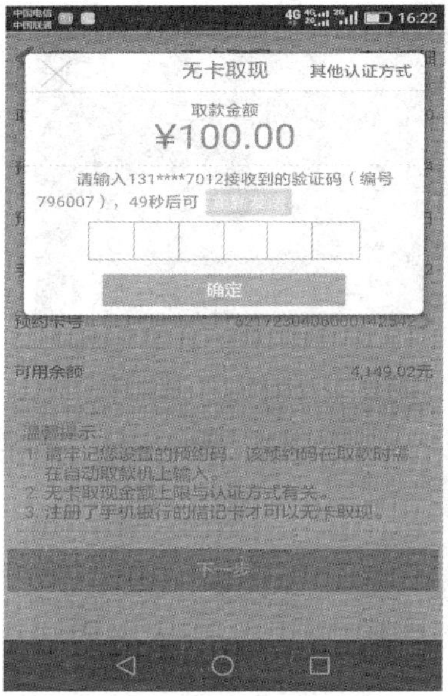
无卡取现
其他认证方式
取款金额
¥100.00
请输入131****7012接收到的验证码（编号796007），49秒后可 重新发送
确定
预约卡号
可用余额
4,149.02元
温馨提示：
1. 请牢记您设置的预约码，该预约码在取款时需在自动取款机上输入。
2. 无卡取现金额上限与认证方式有关。
3. 注册了手机银行的借记卡才可以无卡取现。
下一步

图 3-36　短信验证

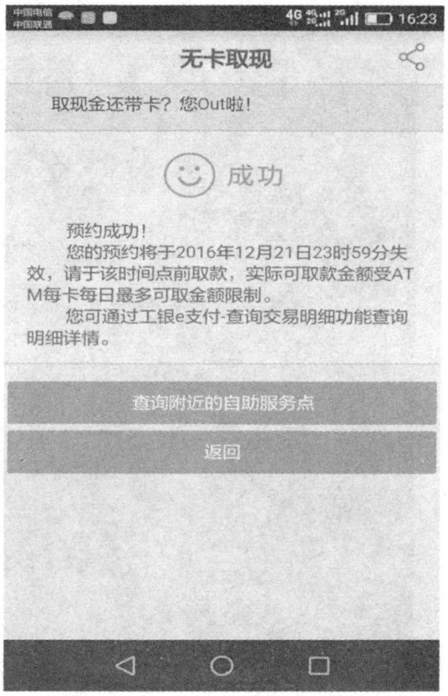
无卡取现
取现金还带卡？您Out啦！
成功
预约成功！
您的预约将于2016年12月21日23时59分失效，请于该时间点前取款，实际可取款金额受ATM每卡每日最多可取金额限制。
您可通过工银e支付-查询交易明细功能查询明细详情。
查询附近的自助服务点
返回

图 3-37　预约成功

在 ATM 柜员机端，点击“无卡取现”按钮，如图 3-38 所示，打开图 3-39 服务界面，再次点击无卡取现功能按钮，在图 3-40 界面输入预约手机号，点击确认。在输入预约码界面，如图 3-41 所示，输入图 3-35 中预设的预约码并确认。在输入取款金额界面输入预设金额，如图 3-42 所示。经图 3-43、图 3-44 界面完成预约取现。

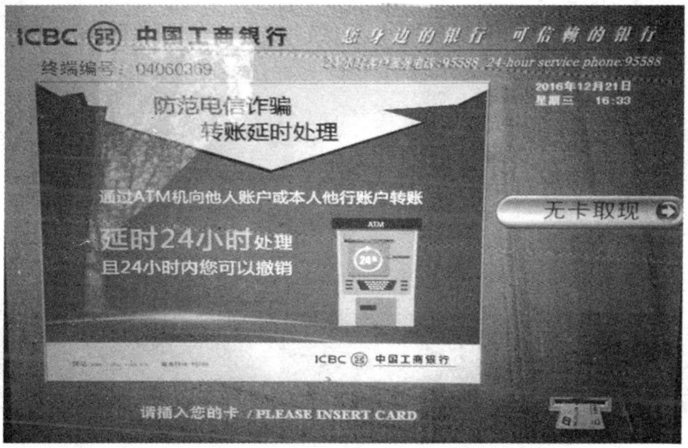
ICBC 中国工商银行
您身边的银行　可信赖的银行
终端编号：04060369
2016年12月21日
星期三　16:33
防范电信诈骗
转账延时处理
通过ATM机向他人账户或本人他行账户转账
延时24小时处理
且24小时内您可以撤销
无卡取现
请插入您的卡 / PLEASE INSERT CARD

图 3-38　选择无卡取现

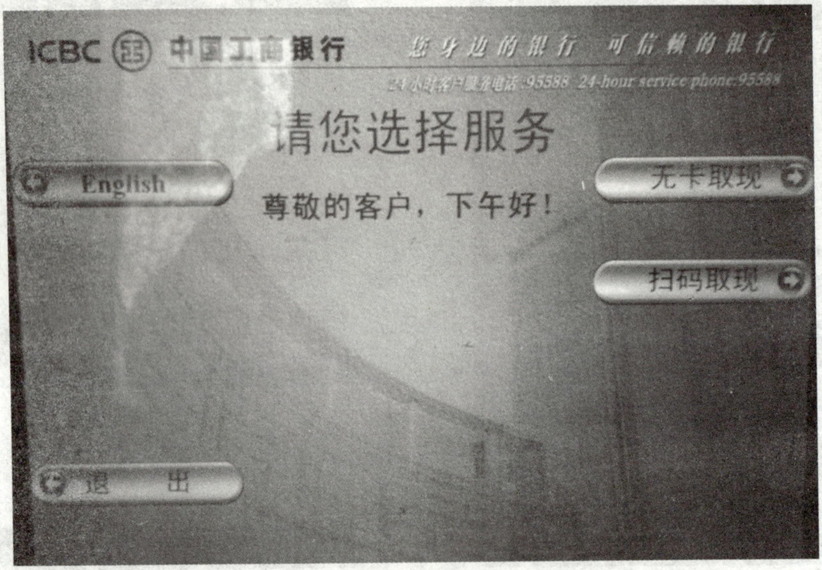

图 3-39 选择无卡取现

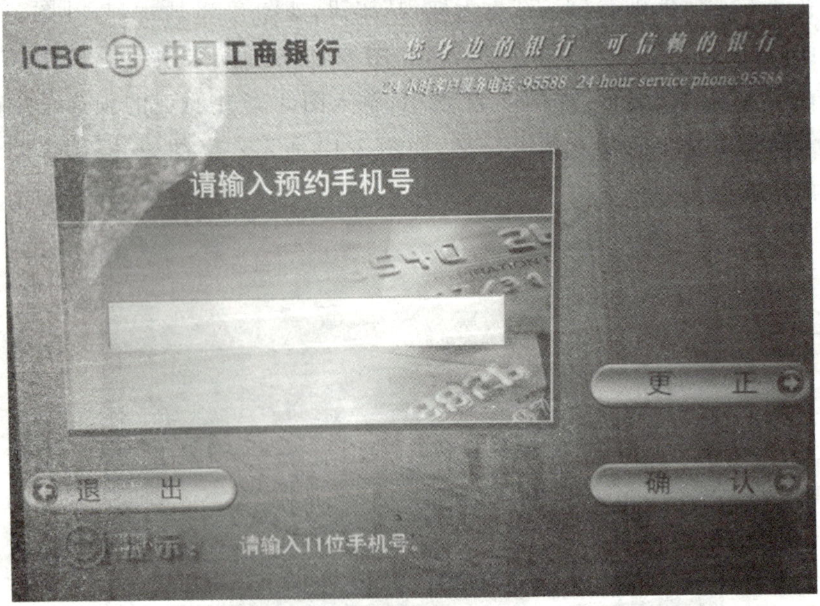

图 3-40 输入预约手机号

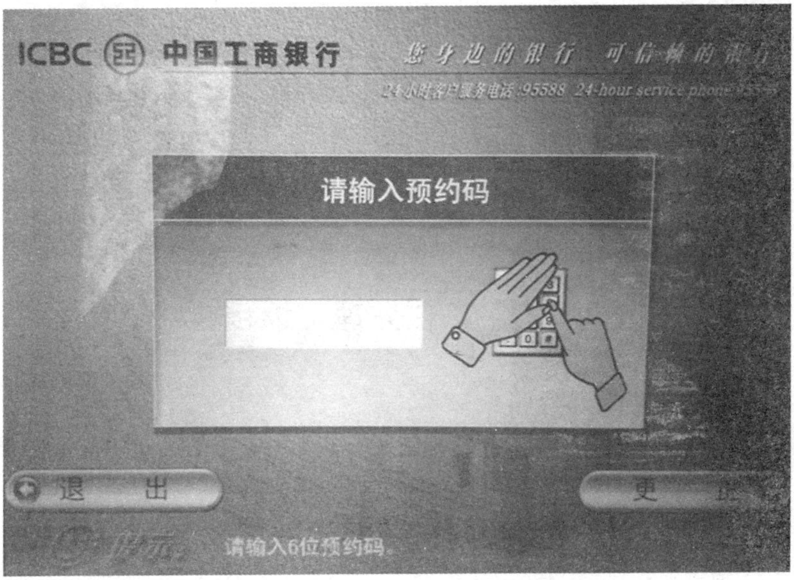

图 3-41　输入预约码

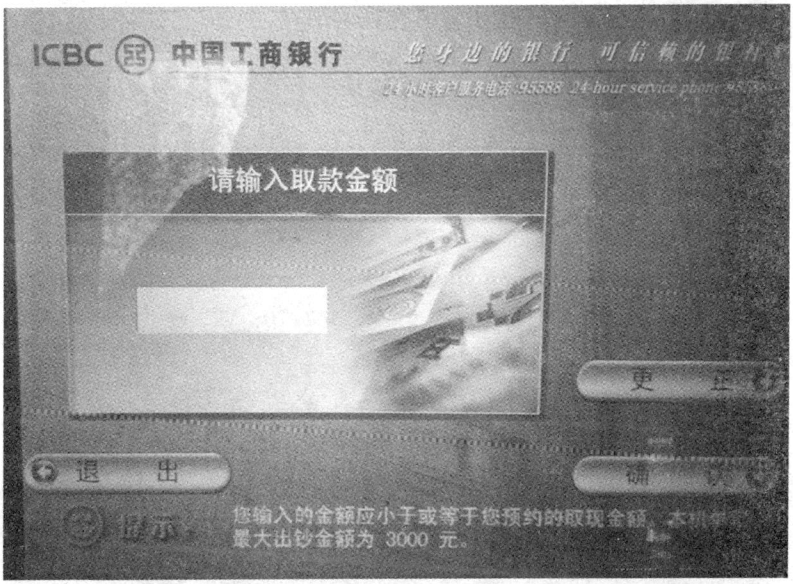

图 3-42　输入取款金额

图 3-43 等待吐现

图 3-44 取现完成

视频:使用预约码无卡取现

2. 扫码取现

在 ATM 柜员机无卡取现界面如图 3-39 所示,点击“扫码取现”,打开界面如图 3-45 所示。

打开工商银行手机银行客户端,点击界面中的“+”号,点击“扫一扫”功能,如图 3-46 所示。在图 3-47 界面输入取现金额。点击确认。在图 3-48 界面输入取现卡号,如该卡已开通“工银 e 支付”可仅输入卡号后六位或别名,点击下一步。如图 3-49 所示进行短信验证,收到并正确输入验证码后点击确定。在柜员机界面点击取款,即完成扫码取现操作。

图 3-45　扫码取现提示

23:02
安全退出
ICBC
扫一扫
付款
扫码支付明细
我的账户
转账汇款
投资理财
手机充值
e缴费
信用卡
注册账户转账
融e购
融e联
最爱
智服务
惠生活
我的

图 3-46　打开“扫一扫”

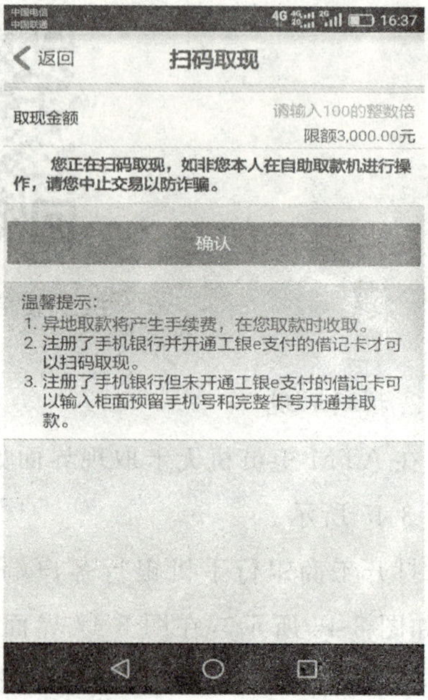

16:37
返回
扫码取现
取现金额
请输入100的整数倍
限额3,000.00元
您正在扫码取现，如非您本人在自助取款机进行操作，请您中止交易以防诈骗。
确认
温馨提示：
1. 异地取款将产生手续费，在您取款时收取。
2. 注册了手机银行并开通工银e支付的借记卡才可以扫码取现。
3. 注册了手机银行但未开通工银e支付的借记卡可以输入柜面预留手机号和完整卡号开通并取款。

图 3-47　确认取现金额

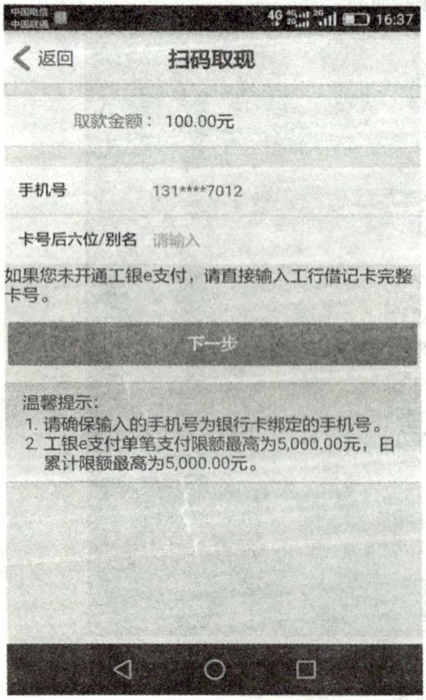

16:37
返回
扫码取现
取款金额：100.00元
手机号
131****7012
卡号后六位/别名
请输入
如果您未开通工银e支付，请直接输入工行借记卡完整卡号。
下一步
温馨提示：
1. 请确保输入的手机号为银行卡绑定的手机号。
2. 工银e支付单笔支付限额最高为5,000.00元，日累计限额最高为5,000.00元。

图 3-48　输入卡号

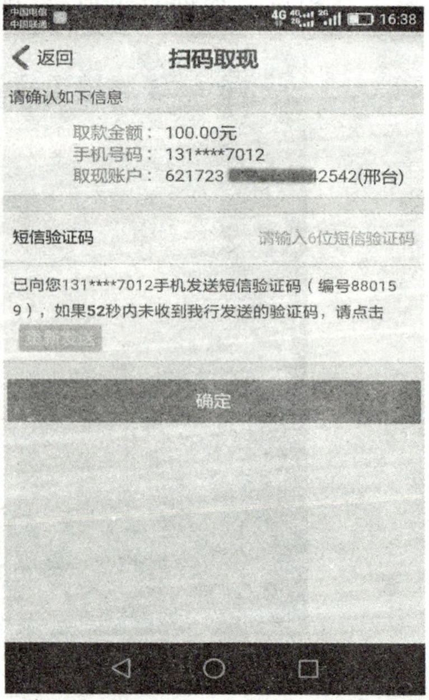

16:38
返回
扫码取现
请确认如下信息
取款金额：100.00元
手机号码：131****7012
取现账户：621723 [redacted] 2542(邢台)
短信验证码
请输入6位短信验证码
已向您131****7012手机发送短信验证码（编号880159），如果52秒内未收到我行发送的验证码，请点击
重新发送
确定

图 3-49　短信验证

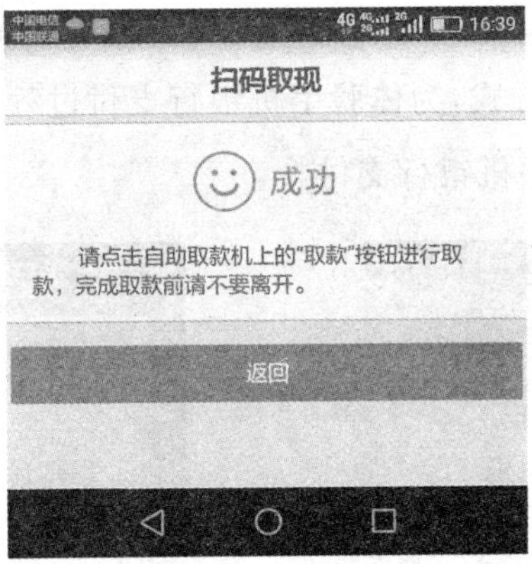

图 3-50　取现成功

(五)通过手机银行完成消费付款

下面我们通过工商银行手机 App 为话费充值的操作来体验手机银行完成消费支付的一般过程。

打开工商银行手机客户端 App，如图 3-51 所示，点击"手机充值"。在图 3-52 中填入手机号码，选定充值金额，点击"立即充值"。

图 3-51　"最爱"界面

图 3-52　手机充值

审查图 3-53 所示信息，如无误点击“确认支付”。在打开的图 3-54 界面中，显示的是一键支付方式，为体验手机银行支付过程，在此选择“切换认证方式”，于图 3-55 中选择手机银行支付。

图 3-53 确认支付

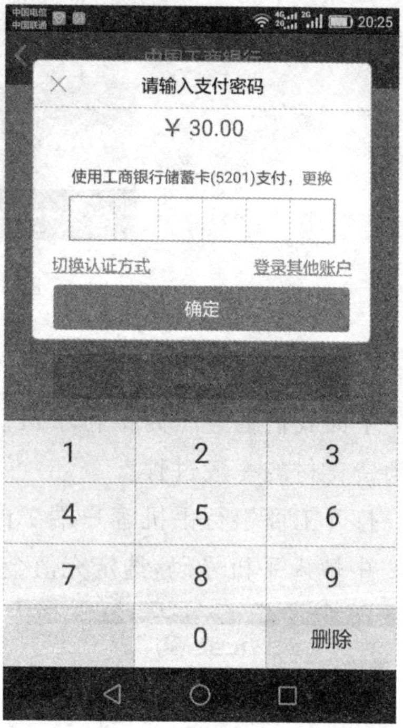

图 3-54 选择支付方式

点击“全额付款”后点击“确定”如图 3-56 所示。系统提示插入 U 盾，如图 3-57 所示。插入 U 盾并确定后，在接下来的画面中输入 U 盾密码，如图 3-58 所示。校验支付信息，如无误按两次 U 盾上的“OK”键确认交易如图 3-59 所示，至此手机付费过程结束，如图 3-60 所示。

使用 U 盾或密码器是安全性较高的支付方式，但操作过程稍显繁琐，并需要随身携带 U 盾或密码器，支付体验欠佳。

图 3-55　选择手机银行支付

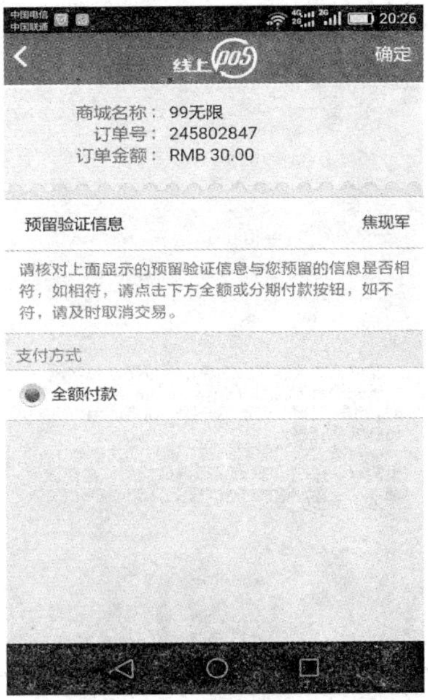

图 3-56　验证预留信息

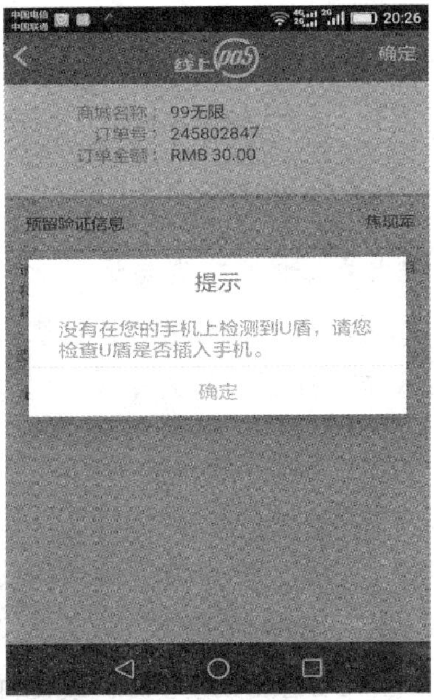

图 3-57　插入 U 盾提示

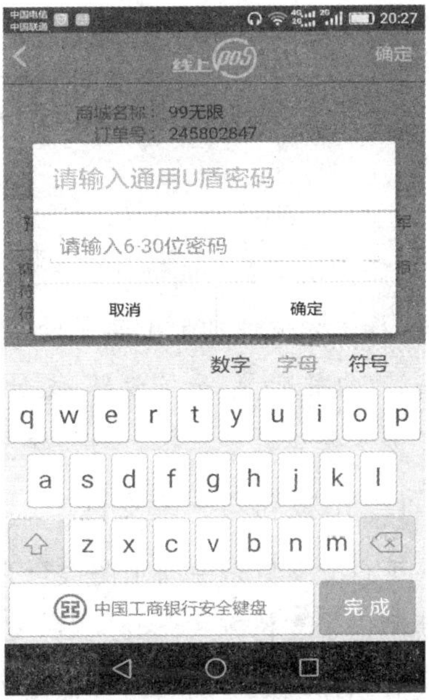

图 3-58　输入 U 盾密码提示

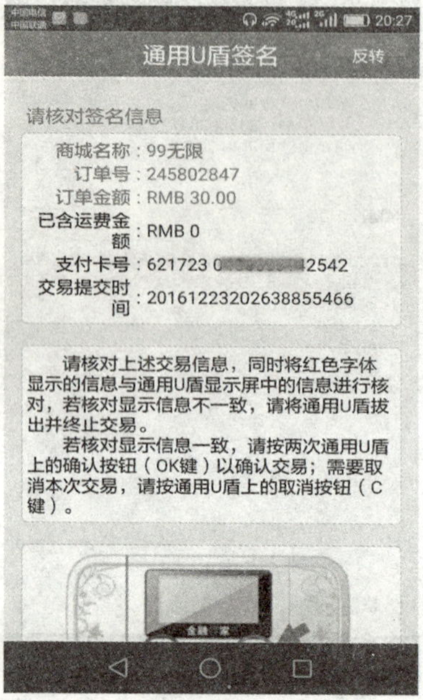
20:27
通用U盾签名
反转
请核对签名信息
商城名称：99无限
订单号：245802847
订单金额：RMB 30.00
已含运费金额：RMB 0
支付卡号：621723 0 2542
交易提交时间：20161223202638855466
请核对上述交易信息，同时将红色字体显示的信息与通用U盾显示屏中的信息进行核对，若核对显示信息不一致，请将通用U盾拔出并终止交易。
若核对显示信息一致，请按两次通用U盾上的确认按钮（OK键）以确认交易；需要取消本次交易，请按通用U盾上的取消按钮（C键）。

图 3-59　U 盾端确认

20:28
线上pos
成功
该笔订单交易成功，支付 30.00元。您可以回到商城页面进行取货。
返回商户

图 3-60　缴费成功

任务二　使用小额快捷支付

【任务说明】手机银行因支付过程繁琐，尤其在认证时可能需要 U 盾或密码器，很不方便。对于小额支付，银行和第三方金融机构推出了一些便捷支付产品，可以凭账号、手机号码、支付密码、短信验证等信息完成支付，快捷便利。本任务主要体验手机银行的便捷支付功能。

(一)e 支付与一键支付

工行 e 支付是中国工商银行为满足客户便捷的小额支付需求而推出的一种新型电子支付方式。开通后，无须使用网上银行，只需填写“手机号＋银行账号后六位或账户别名”，再根据短信收到的“手机动态密码”完成小额支付的安全认证，即可实现 B2C 电子商务、交费、小额转账交易。

一键支付，开通 e 支付可同时开通一键支付，开通一键支付过程中需设定 6 位数字支付密码，交易时无须再接收短信验证码，凭支付密码完成交易，支付过程更加快捷。

登录工商银行手机银行，进入“最爱”界面，为操作方便，客户可以通过界面中的“＋”号图标配置界面功能图标。如图 3-61 所示，点击“＋”图标，在打开的图 3-62 中将“工银 e 支付”选中，并点击返回。

图 3-61　“最爱”界面

图 3-62　管理“最爱”界面图标

由图 3-63 可见，在“最爱”界面中增加了“工银 e 支付”功能图标。点击该功能图标，在打开的如图 3-64 界面中，选择卡号尾数为 5201 的Ⅱ类账号，并将“开通一键支付”和“已阅读并接受……”前的复选框选定，点击“下一步”。

如图 3-65 输入选定的尾号为 5201 的卡密码，正确输入收到的验证短信，点击“下一步”。在如图 3-66 中输入一键支付密码。

图 3-63 “最爱”界面

图 3-64 工银 e 支付

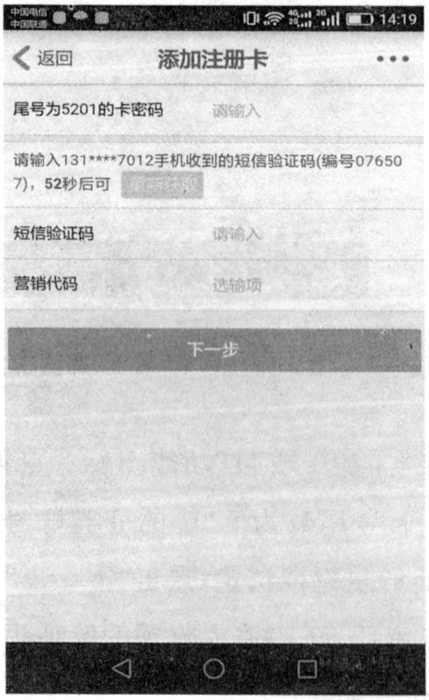

图 3-65 添加注册卡

图 3-66 设置一键支付密码

如图 3-67e 支付及一键支付功能注册成功，点击“我的 e 支付”，可如图 3-68查看注册细节。

图 3-67　e 支付开通

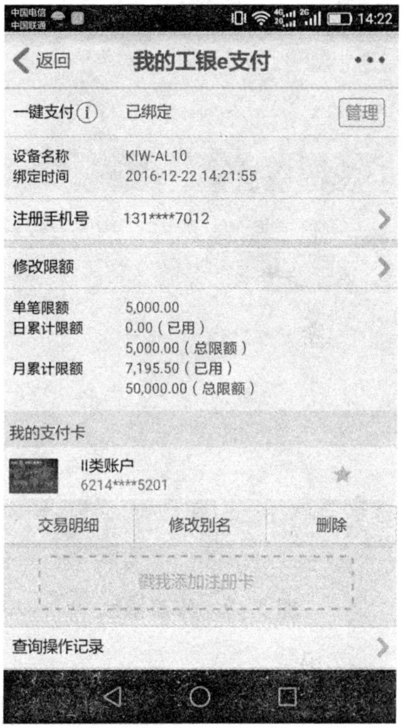

图 3-68　已开通 e 支付信息

为增强账户安全性，可根据需要修改交易限额，在如图 3-68 中点击“修改限额”，打开如图 3-69 画面，可对单笔限额、日累计限额等进行设置，完成后单击“下一步”，在如图 3-70 界面正确输入短信验证码，并点击“确定”，完成限额设定，如图 3-71 所示。

如任务一话费充值实例中，在第 71 页图 3-55 中选择 e 支付，则显示如图 3-72 画面，填写卡号后六位，点击下一步，如图 3-73 所示，正确填写短信验证码后即可完成支付。

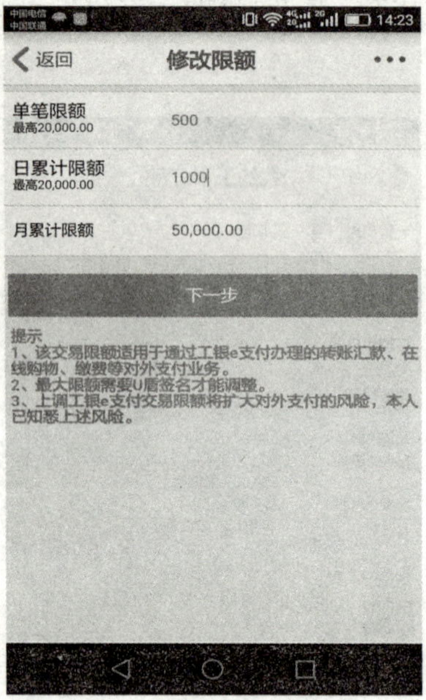

图 3-69　修改限额

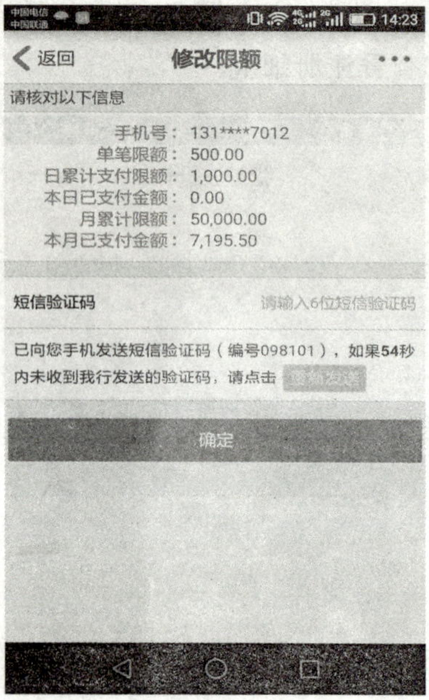

图 3-70　短信验证

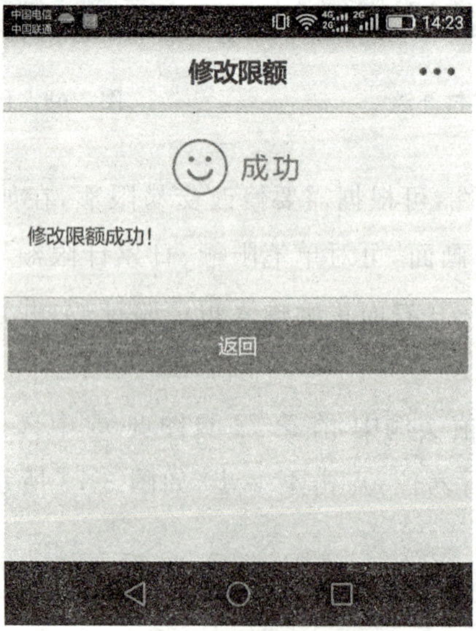

图 3-71　限额修改成功

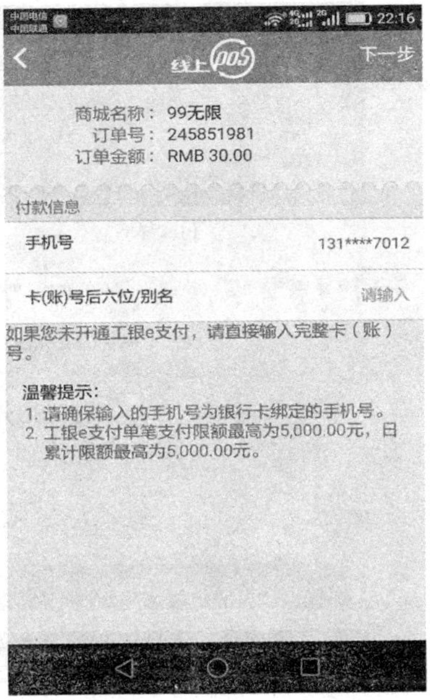

图 3-72　输入卡号后六位

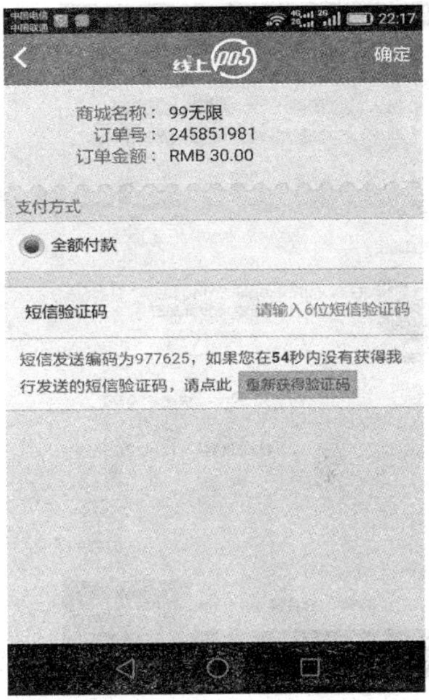

图 3-73　短信验证

(二)快捷支付

快捷支付是一种全新的支付理念，具有方便、快速的特点，现已被支付宝、微信支付、京东支付等第三方支付平台广泛使用，其最大的特点就是支付速度快。

在首次使用支付宝、京东支付等第三方支付工具付款时，支付平台会引导用户通过输入银行卡号、手机号码，使用短信验证的方式开通快捷支付，并绑定银行卡。银行卡绑定成功后仅需使用第三方支付平台预设的支付密码或短信验证码即可完成支付。

下例为作者在天猫商城手机客户端购买 U 盘的实际付款过程，支付前作者尾号 2542 的工商银行储蓄卡已开通快捷支付功能，并与支付宝完成绑定，付款过程如下。

如图 3-74 确认定单，进入付款画面，系统自动识别相应支付宝账号以及绑定的银行卡号，如图 3-75 所示，点击确认付款。在接下来的界面输入支付宝密码即完成整个付款过程，如图 3-76、图 3-77 所示。

图 3-74　提交订单

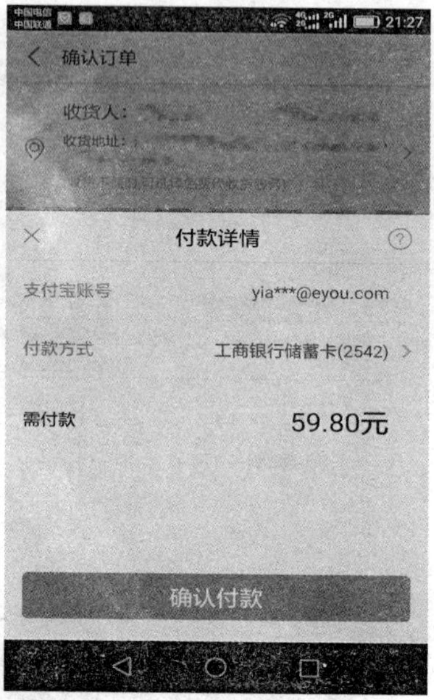

图 3-75　确认支付宝账号付款

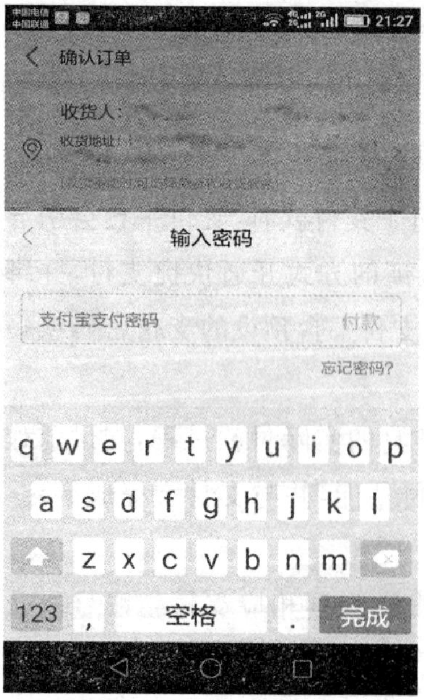

图 3-76　输入支付宝密码

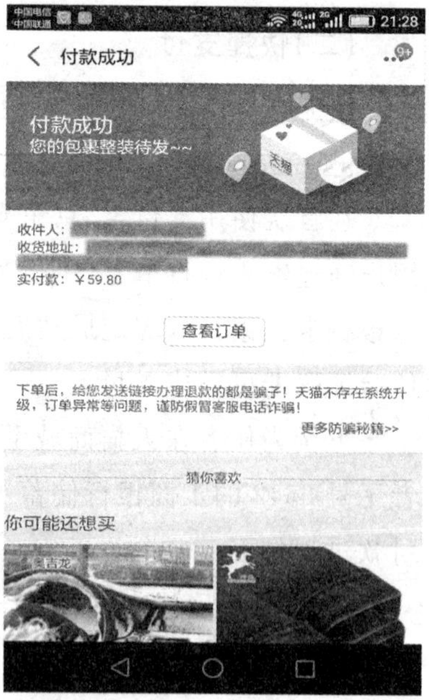

图 3-77　付款成功

(三)微信扫码支付

将微信与银行卡绑定,即可在日常消费中通扫描商家提供的二维码完成支付。商家提供的付款二维码如图3-78所示,使用微信"扫一扫"功能,扫描商家提供的付款二维码,打开如图3-79所示安全提示。点击确定,弹出输入支付密码界面,如图3-80所示,确认收款人和金额无误后,输入微信支付密码,即可完成付款,如图3-81所示。

图 3-78 微信扫码

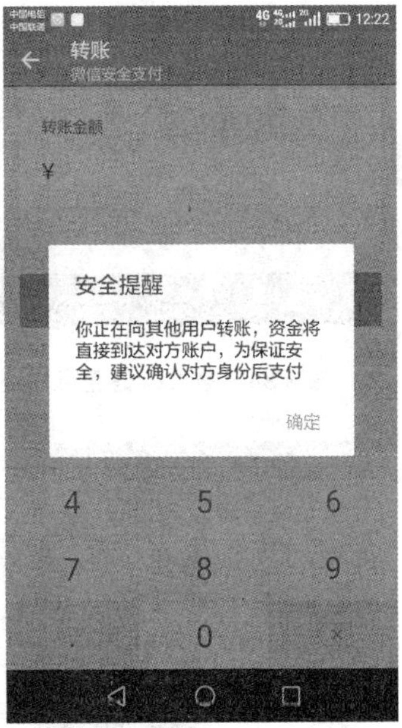

图 3-79 安全提示

(四)微信收付款

1.面对面向商家付款

在微信主界面,如图3-82所示,点击"+",点击"收付款",如图3-83所示。点击向商家付款,系统显示安全提示并生成付款二维码,如图3-84、图3-85所示。商家可用扫码设备扫码,扫码后手机提示付款金额。检查无误后输入支付密码,完成付款。

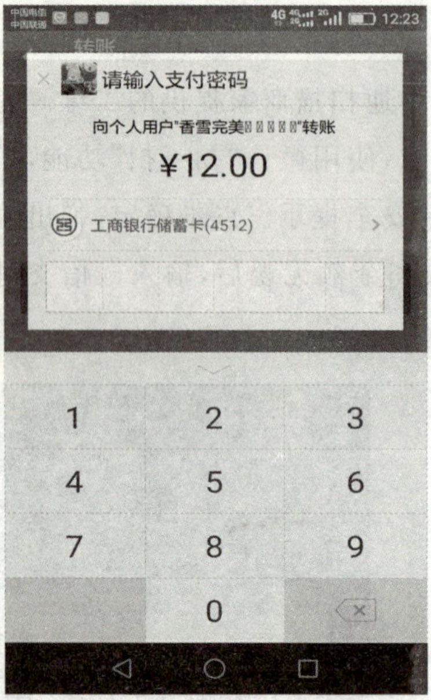

图 3-80 输入微信支付密码

图 3-81 支付成功

图 3-82 微信收付款

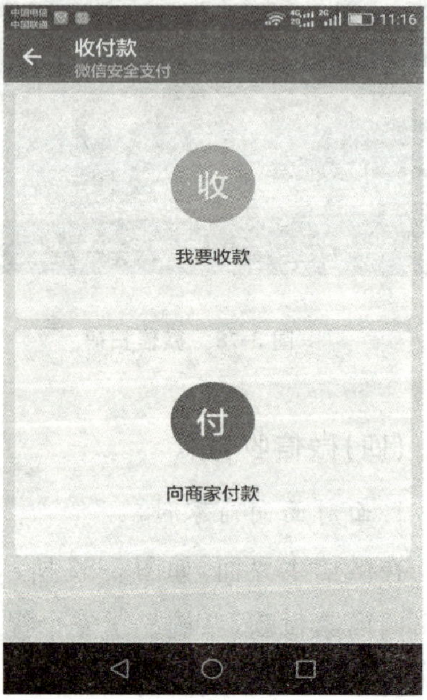

图 3-83 微信付款

11:17
付款
微信安全支付
该功能仅用于向商家付款。请
不要将付款码及数字发送给他人，
以保障资金安全。
知道了
查看详情

图 3-84　安全提示

11:17
付款
微信安全支付
1302 5912 5014 5726 96
使用工商银行储蓄卡(4512)，更换
每分钟自动更新，用于向商家付款时出示使用

图 3-85　付款二维码

2. 面对面收款

点击图 3-83 中的“我要收款”，打开如图 3-86 界面，点击“设置金额”，打开如图 3-87 界面，设置预收款数额，并点击“确定”。

如图 3-88 生成收款二维码，付款方使用微信“扫一扫”，扫描付款二维码，打开如图 3-89 界面，同时收款方手机显示“支付中”，如图 3-90 所示。付款方通过微信“零钱”或点击“零钱”选择已绑定银行卡，输入微信支付密码，如图 3-91 所示，付款方提示支付完成，如图 3-92 所示，收款方完成收款，如图 3-93 所示。

通过微信支付订阅号，可查看交易详情，如图 3-94、图 3-95 所示。

图 3-86　微信收款

图 3-87　设置收款金额

图 3-88　收款二维码

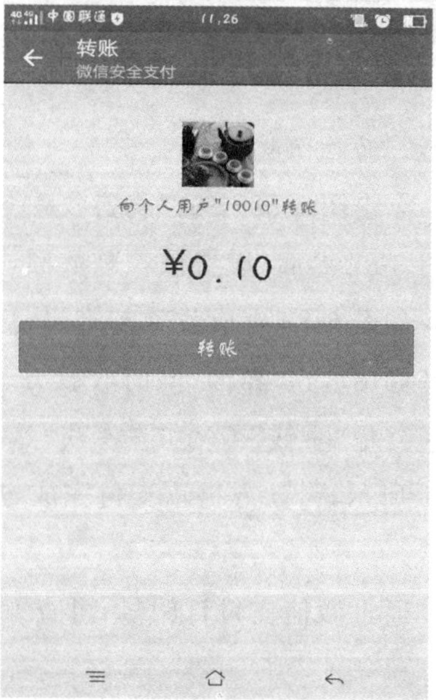

图 3-89　付款扫码

图 3-90　付款过程

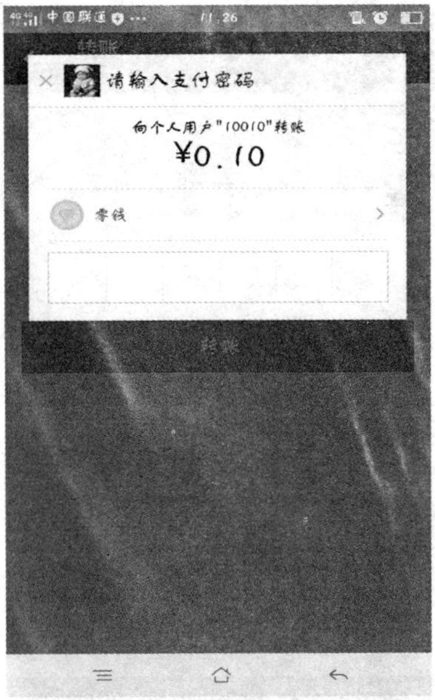

图 3-91　输入微信支付密码

图 3-92　支付完成

图 3-93　收款完成

图 3-94　查看微信支付宝订阅号

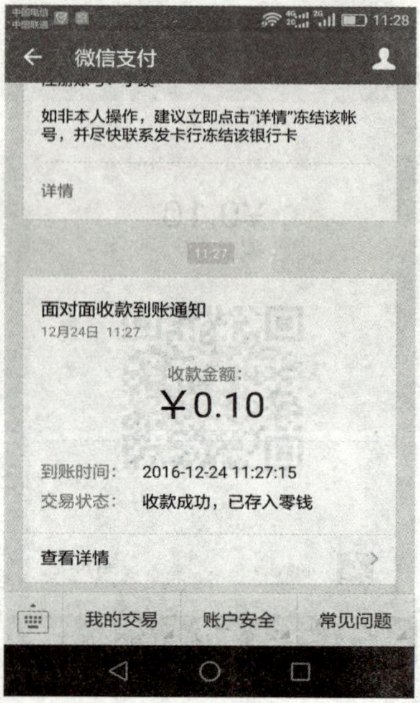

图 3-95　支付详情

视频:微信面对面收付款

任务三　手机支付安全防护

【任务说明】了解银行三类账号的特点，掌握手机安全支付的基本思路与方法。

支付的便捷性与安全性现阶段尚是一对矛盾，就如何在享受便捷支付的同时保证资金的安全，提如下几点建议以供参考。

一、正确使用银行 类和 类、 类账户

根据 2016 年 12 月银行卡新规，将银行卡分为三类账户，其中Ⅰ类、Ⅲ类账户可通过“绑定”Ⅰ类账户的办法在手机银行客户端自助开通，自助开通的Ⅱ类、Ⅲ类账户不能存取现金、不能向非绑定账户转账，可用于投资理财产品、限额消费和缴费支付等。基于Ⅱ类、Ⅲ类账户相对安全的特点，建议手机银行客户在拥有一张Ⅰ类卡的同时，另外自助注册一张Ⅱ类或Ⅲ类卡，专用于消费支付，并根据需要调整其支付限额及卡内余额。用于消费支付的Ⅱ类或Ⅲ类银行卡可以开通 e 支付、一键支付、快捷支付等便捷支付功能，享受快速支付的便利，而Ⅰ类账户则仅在需要时向Ⅱ类、Ⅲ类账户转入、转出资金，不直接进行网络交易、不与第三方支付工具绑定，从而获得更高的安全性。如图 3-96 所示。

使用手机银行自助井通银行Ⅱ类、Ⅲ类账户的方法。

如图 3-97 所示，在手机银行“最爱”界面，点击“账户申请”功能图标，选择申请账户类别，本例选择Ⅱ类账户，进入如图 3-98 所示申请Ⅱ类账户界面，依次填写姓名、绑定卡号（Ⅰ类账户）、选定开户行，正确输入短信验证码，点击“下 步”，设置该账户密码，如图 3-99 所示。点击“下一步”，如图 3-100 可对该账户进行限额设置。完成该Ⅱ类账户的申请，可返回“我的账户”查看。

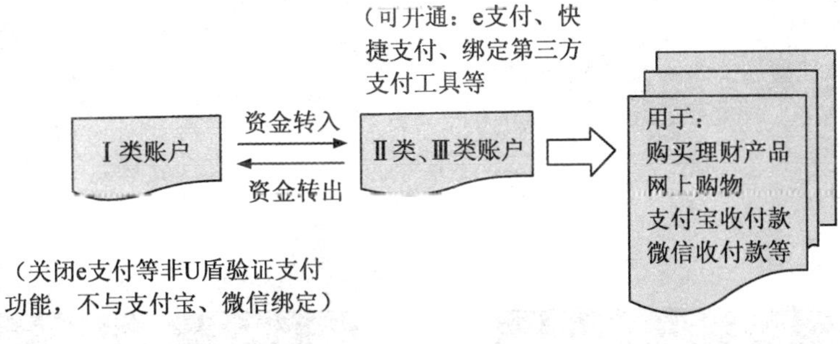

图 3-96 正确使用银行Ⅰ类、Ⅱ类、Ⅲ类账户

图 3-97 “最爱”界面

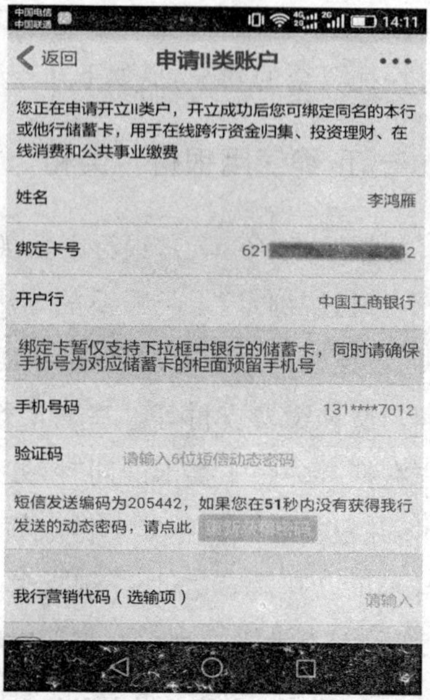

图 3-98 申请Ⅱ类账户

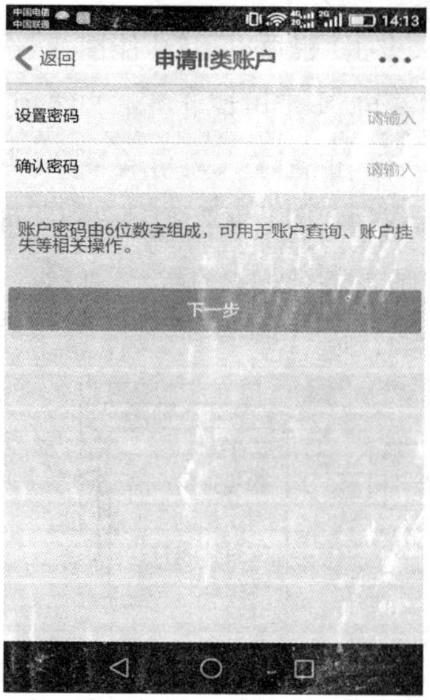

图 3-99 设置密码

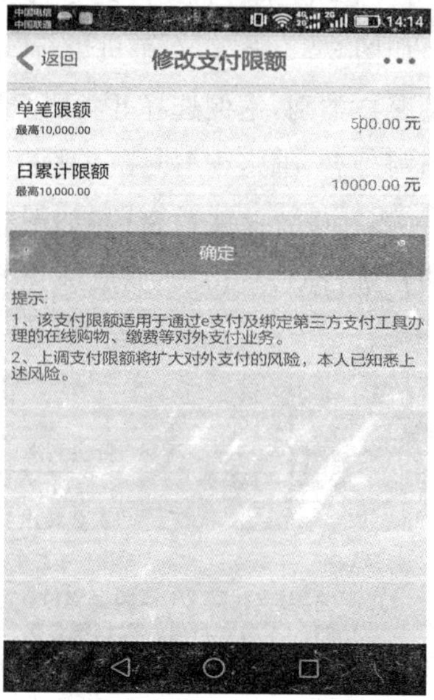

图 3-100 修改限额

二、如何使用手机银行关闭 e 支付、快捷支付功能

点击手机银行客户端“我的”项，如图 3-101 所示。点击“安全中心”，打开如图 3-102 所示画面。点击“快捷支付管理”，打开如图 3-103 画面。

特别提醒，一旦关闭快捷支付功能，已在支付宝、微信中绑定的银行卡将不能再完成支付功能。

图 3-101　“我的”界面

图 3-102　安全中心

选择欲管理的银行卡，设置是否“开通”，如图 3-104 所示。

在“最爱”界面，打开“e 支付”功能，如图 3-105 所示，可以删除已注册 e 支付的银行卡。

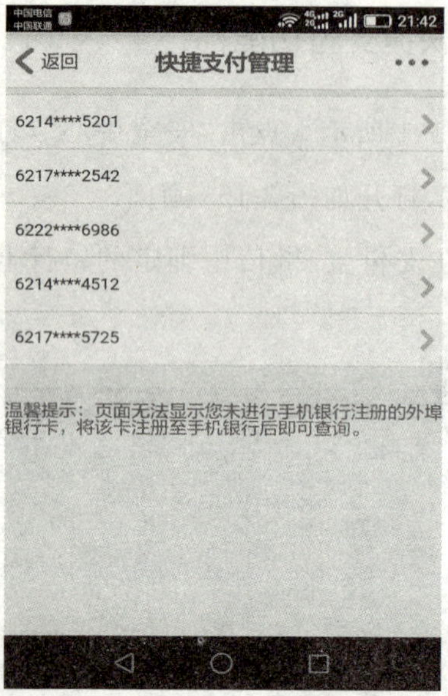

图 3-103　选择账户

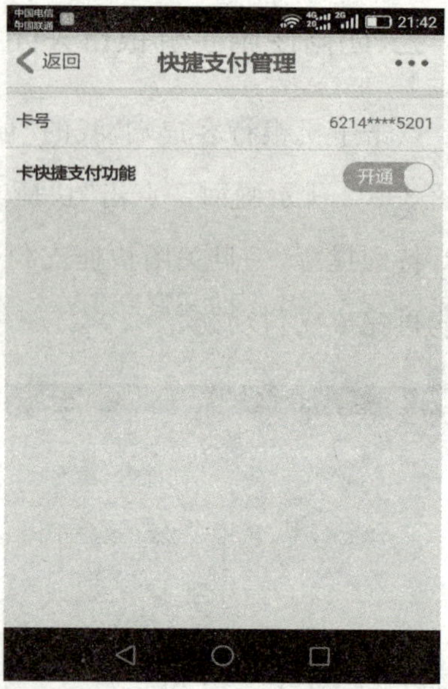

图 3-104　查看快捷支付状态

图 3-105　e 支付管理界面

三、管理好手机银行密码、支付密码和U盾密码

手机银行为我们带来随时随地管理资金账户和转账消费的便利，同时也增加了资金交易风险。手机是转账、消费的主体，建议设置牢靠的手机开机密码和锁屏密码，同时手机银行客户端登录密码、交易密码（自助注册用户）、U盾及U盾密码等一定要妥善保管。第三方平台支付密码以及支付验证短信不要告诉别人，发现异常验证短信要提高警惕，以保证账户资金安全。

四、手机丢了怎么办

手机一旦丢失，将面临巨大的资金风险，建议迅速向手机通信服务商挂失手机号码，同时冻结相关银行账户。

项目四　常用软件介绍及下载应用

App(英文 Application 的缩写)指安装在手机上的应用软件,可从手机应用市场免费或付费下载,通常分为两种,一种是适合安卓系统手机上的安卓版,另一种是适合苹果手机系统的苹果版本。App 是程序开发人员在手机硬件和手机操作系统基础上进行的再次开发,其功能或着眼于办公,或着眼于娱乐、抑或着眼于生活,几乎无所不包,使智能手机的功能无限延伸。本项目从常用工具类、社交通信类、娱乐休闲类、出行购物类、农业科技类 5 个方面介绍智能手机 App 的功能特点和基本操作方法。

任务一　常用工具类:百度网盘、美图秀秀等

【任务说明】了解百度网盘、铃声多多、美图秀秀、WPS Office 4 种工具类 App 的功能,掌握一般手机应用的下载、安装和基本操作方法。

一、百度网盘

百度网盘由北京百度网讯科技有限公司开发维护,用户可免费或付费使用,主要提供客户资料云端保存、管理,手机资料同步备份等服务。可在各应用商店下载或在百度网盘官网(http://pan.baidu.com/)下载安装。

1. 注册百度网盘

百度网盘安装完成后,点击"百度网盘"图标,打开"注册/登录"界面,点击"注册",在提示框中输入手机号码,点击"获取手机验证码",正确填入短信验

证码后，点击“提交”，根据提示设置用户名及密码，完成后点击“确定”，百度网盘用户注册就完成了。以后打开百度网盘就可以使用用户名或注册手机号与密码登录了。注册过程如图 4-1 所示。

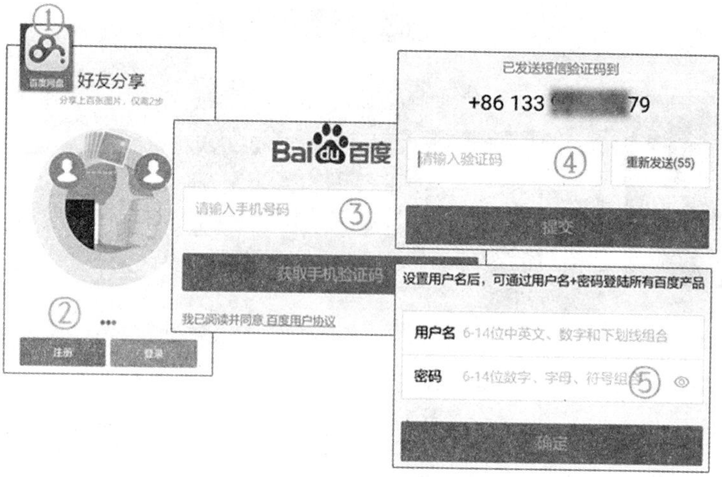

图 4-1　注册百度网盘

2. 上传与下载文件

在上传个人资料前，最好先根据资料类型建立文件夹，使自己上传的资料分类存放便于查询。百度网盘建立文件夹过程：打开百度网盘点击新建文件夹图标，在打开界面中输入新文件夹名称，点击创建，如图 4-2 所示，即创建了“照片”文件夹。点击照片文件夹，再点击上传，即可在照片文件夹下上传文件了。

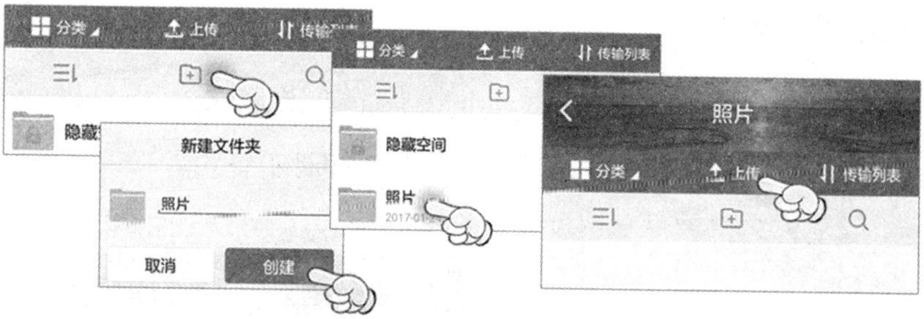

图 4-2　创建文件夹

在照片文件夹下点击“上传”后，系统提示选择上传文件类型，如图 4-3 所示，此例选择图片，在选择相册提示中点击“Camera”，选定欲上传的照片，点击“上传”。上传完成后，照片文件夹内就显示出了已上传图片列表。

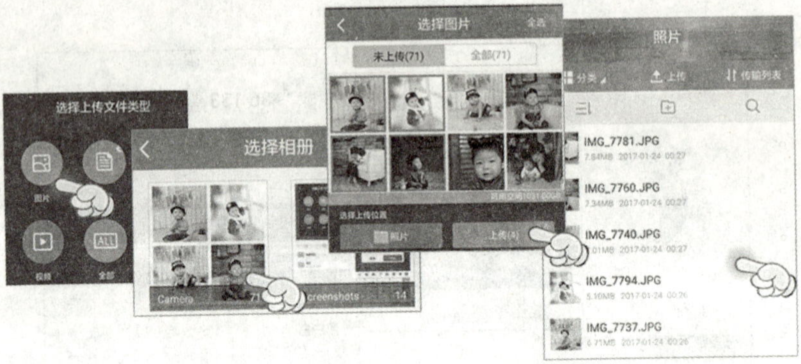

图 4-3　文件上传

点击列表中文件后的复选钮选定文件，可对其做“打开”“下载”“删除”等操作。如图 4-4 所示。

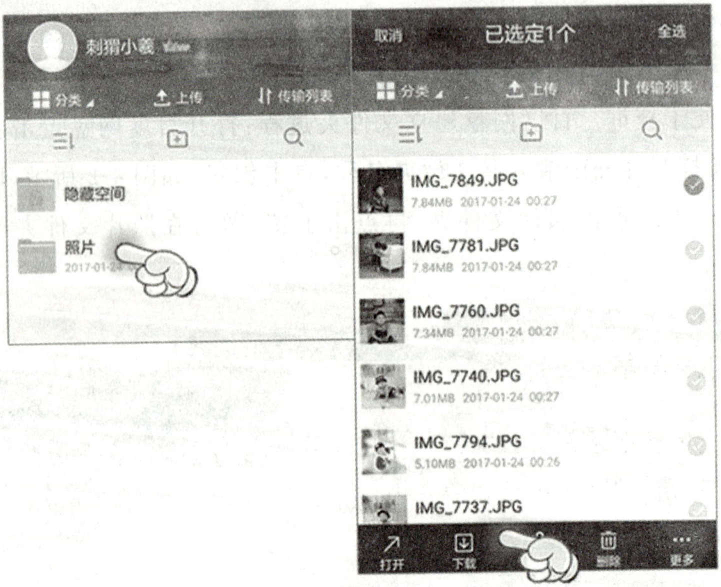

图 4-4　文件下载

3. 同步手机信息

点击百度网盘主界面下端的“更多”，如图 4-5 所示，点击“手机备份”，点击“通信录同步”。可以设定百度网盘通信录自动同步，也可以点击“立即同步”使手机联系人信息同步保存在百度网盘，当更换新手机或手机通信录信息丢失时，可以方便地从百度网盘上恢复。点击图片备份，可将手机中的照片等图片自动备份在百度网盘，以节省手机空间和保证图片安全。

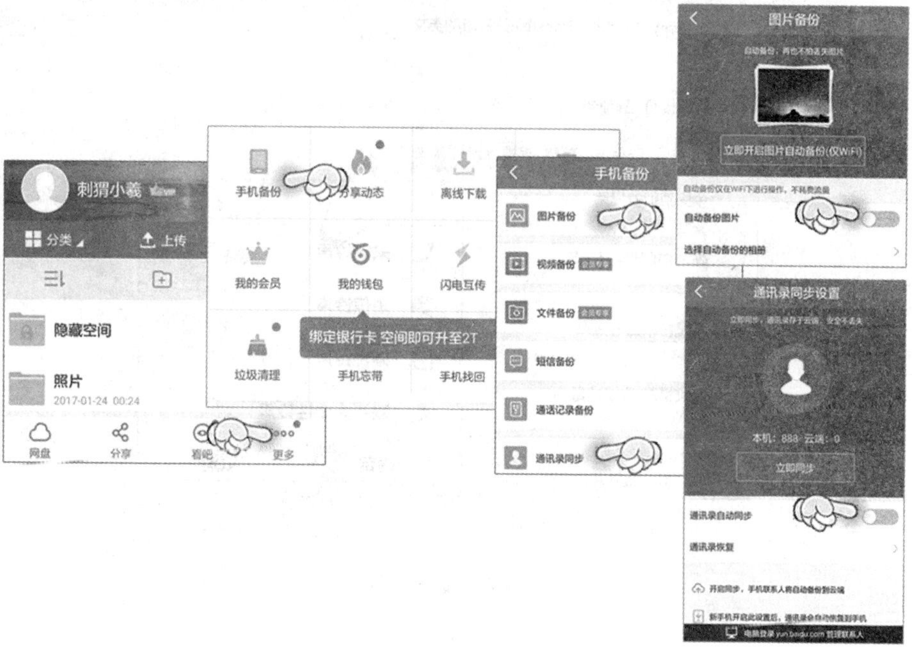

图 4-5 手机备份

二、铃声多多

在应用市场下载并安装“铃声多多”应用，该应用提供了大量的适合作为手机来电、短信、闹钟等提示音的音乐，该应用还提供声音录制功能，你可以自己创作自己的手机铃声。

打开“铃声多多”图标，查找喜爱的歌曲或音效，点击试听，如果喜欢可以点击“设置”将选定的声效设置为来电提示、短信提示或闹钟铃声等，设置过程如图 4-6 所示。

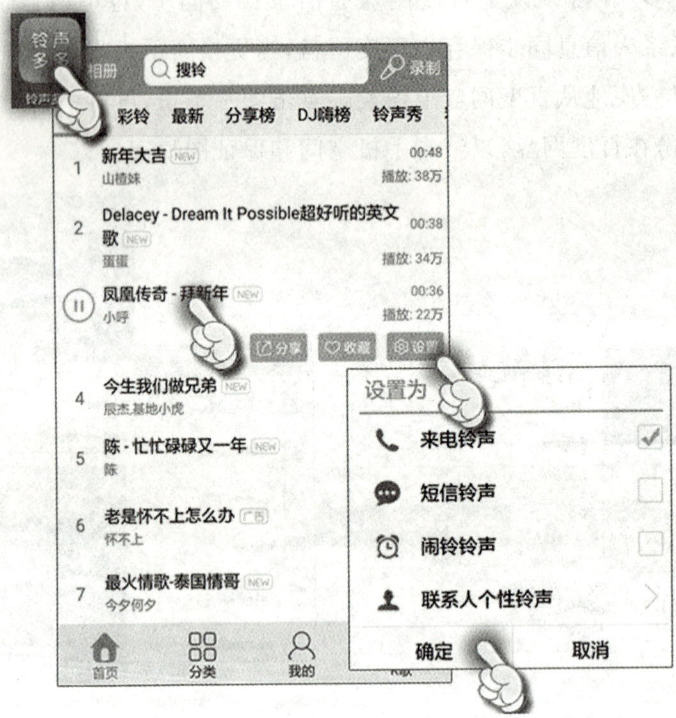

图 4-6 铃声多多

三、美图秀秀

美图秀秀(图 4-7)是一款非常优秀的图像处理类应用，它可以在手机拍照的同时或将已有照片经过加工处理生成非常奇妙的效果，或美轮美奂或妙趣横生，是手机拍照必备的一类工具。该应用主要可实现功能如表 4-1 所示。

图 4-7 美图秀秀

表 4-1　美图秀秀主要功能列表

模块	实现主要功能	处理效果举例
	可实现图片裁剪、色彩调整、预置美颜特效、局部马赛克处理、魔幻笔、加边框、贴纸、加文字、背景虚化等	
	可实现一键美颜、磨皮美白、祛斑祛痘、瘦脸瘦身、祛皱、增高、眼睛放大、祛黑眼圈、亮眼等功能	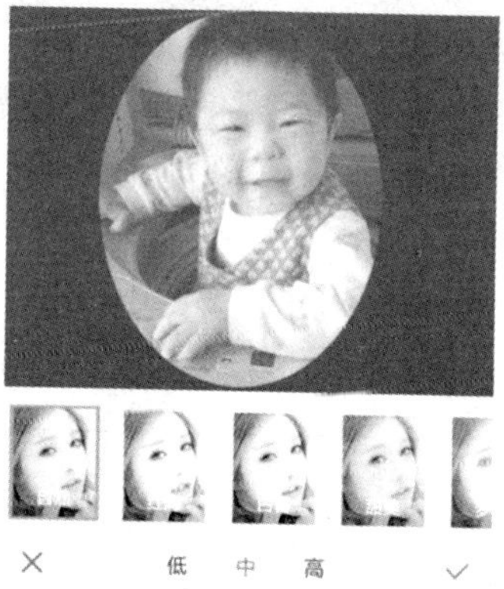
	拍摄同时美颜或加特效	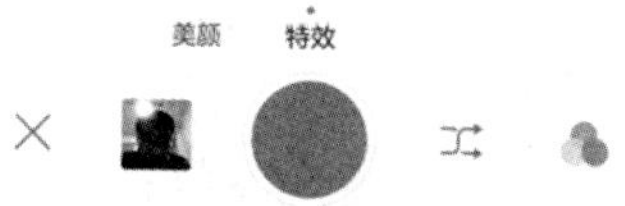

续表 4-1

模块	实现主要功能	处理效果举例
	设置"招财童子"特效	
	实现多种手绘特效	
	为图片增加背景光晕、饰品等	

续表 4-1

模块	实现主要功能	处理效果举例
	图片组合排列效果	

四、WPS Office

WPS Office 移动版是由金山软件股份有限公司自主研发的一款办公软件套装，可以实现办公软件最常用的文字、表格、演示、PDF 阅读等多种功能。具有内存占用低、运行速度快、体积小巧、全面兼容微软 Office 97—2010 格式等特点，是目前最好用的移动办公软件之一。

安装完成 WPS Office 后，点击 WPS Office 图标，首界面显示最近打开过的文档，点击文档名称可快速打开。点击屏幕下端的“打开”按钮，可以通过目录查找、按文档类别查找等方式打开编辑文档。可打开编辑的文档格式如图 4-8 所示。

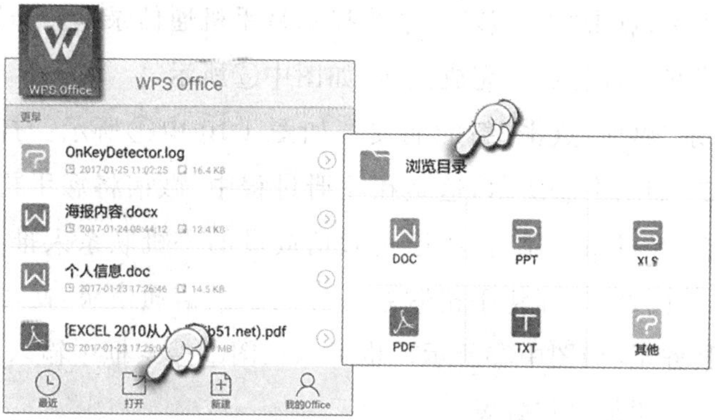

图 4-8　WPS Office

任务二 社交通信类:微信、QQ

【任务说明】通信是智能手机的基本功能,如今微信等通信聊天类应用的出现和发展,使智能手机的功能完全超出了信息沟通的范畴。使人类的交往从开始的文字、语音发展到现在的视频、多人聊天、朋友圈、公众号等,将人类社交带入了全新的自媒体时代。尤其微信支付功能,使用智能手机不仅改变了人们的交流方式,更改变着人们的生活方式。

本任务通过微信、QQ等应用体验手机音、视频聊天、手机支付、朋友圈、公众号等功能。

一、微信

1. 微信注册与绑定银行卡

通过微信官网(http://weixin.qq.com/)或应用市场下载并安装微信App。点击微信图标。首次打开微信界面如图4-9中①所示,如果注册使用过微信可点击“登录”。如果从未使用过微信,需要首先注册个人信息,才可以允许使用,点击“注册”,如图中②所示,填写“昵称”、电话及登录密码,点击“下一步”,确认手机号码,如无误,点击“确定”,将手机收到的验证短信正确填写在验证码框中,点击“下一步”。系统提示将手机通信录上传至服务器,以便系统向您推荐好友,同意后,完成注册,如图中⑥所示。

在“通信录”界面,点击“新的朋友”,如图4-10中①所示。打开系统新的朋友推荐列表,如图中②所示,这是在注册过程中,微信将您手机通信录信息上传至服务器,经过系统比对,将已是微信成员的手机联系人推荐给您,点击“添加”,在对方同意后,即将手机联系人加入了微信通信录,便可以享受微信通信和其他服务了,如图中③所示。也可以在图②搜索框中输入QQ号、手机号或微信号搜索添加微信好友。

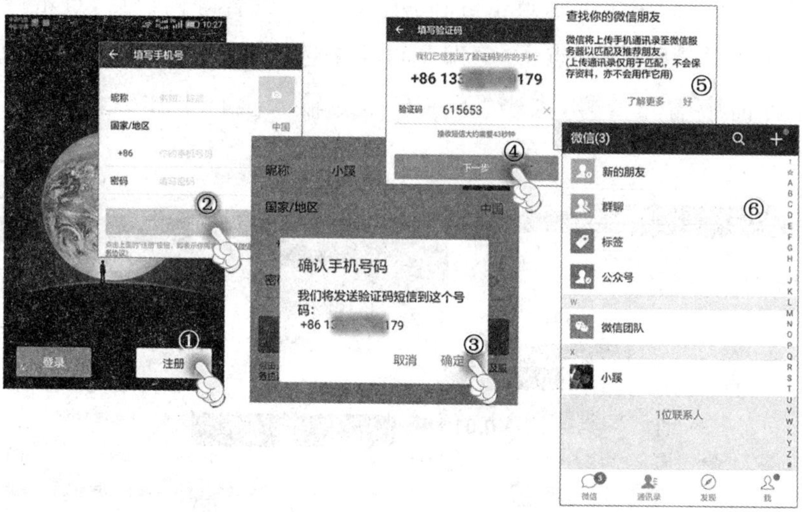

图 4-9　微信注册

图 4-10　加入新的朋友

微信支付是微信非常重要的一项功能，首次使用微信支付功能时需要进行绑定银行卡的操作，以后仅凭借支付密码便可完成支付过程，非常方便。下面以首次发红包为例介绍绑定银行卡的过程。

如图 4-11(1)中①所示点击红包，填写金额、留言等内容后，点击“塞钱进红包”，如图中②所示，③点击“立即支付”，④选择“添加新卡支付”，在⑤添加银行卡界面中输入卡号，点击“下一步”，⑥输入银行卡详细信息，点击“下一步”。

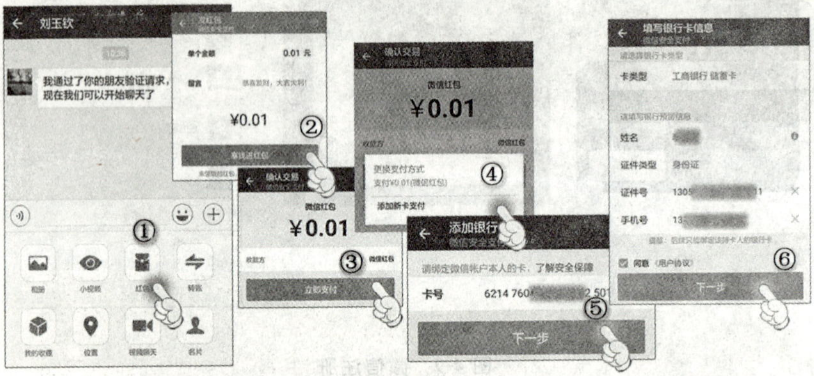

图 4-11 绑定银行卡(1)

系统向填写的手机号码发送验证短信，将收到的验证码填入图 4-12⑦中，点击“下一步”，⑧设置支付密码，⑨再次确认支付密码，点击“立即支付”，红包发出，对方在线时即可收到红包。

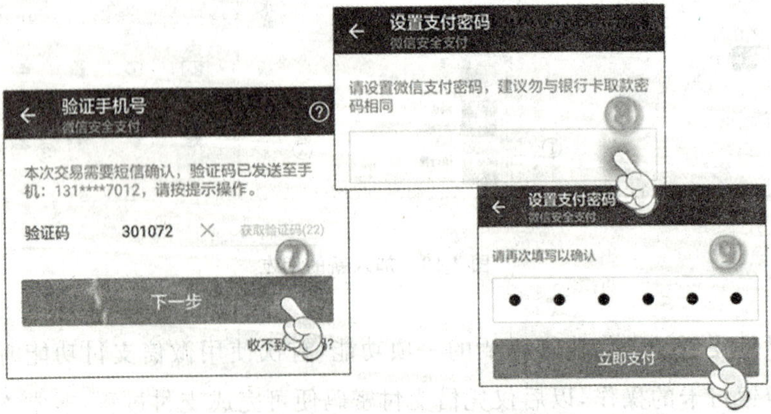

图 4-12 绑定银行卡(2)

“支付”密码一定要妥善保存，不要轻易透露给他人，微信凭此密码确认支付。出于安全考虑用于绑定的银行卡最好使用银行二类或三类卡，同时卡内不要放置大量现金。如果银行卡绑定失败，可能是因为该卡关闭了“快捷支付”功能，可通过手机银行或银行柜面申请开通。

视频：使用微信发红包

银行卡管理。点击 ，点击“钱包”，点击“银行卡”，如图 4-13 所示。在打开的银行卡管理界面中可以添加新的银行卡；通过点击已绑定的银行卡可查询支付限额信息；点击 ，可删除已绑定的银行卡。

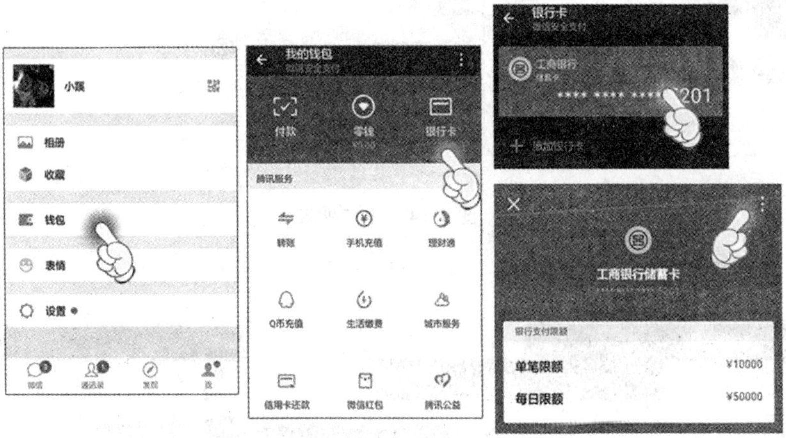

图 4-13　管理绑定的银行卡

对于不再使用的微信号，一定要解除对银行卡的绑定。

2. 微信基本通信功能

添加朋友。如图 4-14 中①所示，点示屏幕右上角的“＋”号，在打开的菜单中点击“添加朋友”，可以在查询框中输入对方微信号、QQ 号、手机号进行查找添加，也可以扫描对方二维码添加，如图中②所示。点击“我的微信号”，向朋友出示③中的二维码，对方可快速添加你为好友。

发起群聊。点击图 4-14 ①中的“发起群聊”，在如图 4-15①中选择群聊成员，确定后，即可打开群聊界面，如②中所示。点击图标，打开群管理界面，可以设置群名称、群公告等信息。

图 4-14 添加朋友

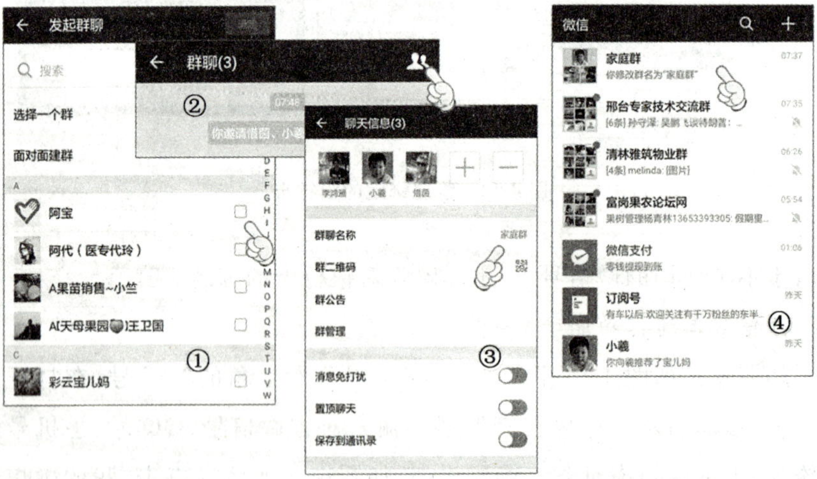

图 4-15 发起群聊

点击图标，点击朋友名称可发起视频聊天或发送消息。选择群聊、点击群名称可打开群聊界面，如图 4-16①所示。聊天界面点击，按住通话按钮即可发送小语音，再次点击可返回文字输入框，输入文字及表情信息。

图 4-16　聊天界面

点击⊕，如图 4-16①所示，可向对方发送图片、即时拍照、语音、位置信息、红包、联系人名片及收藏内容。一对一的通话中还可以通过点击“视频聊天”如②中所示，发起语音或视频聊天。聊天界面如③中所示。

视频：使用微信收发消息

3. 朋友圈

朋友圈是微信最有特色的功能之一，你的所见所闻、喜怒哀乐都可以通过朋友圈发布，朋友见到后可为你鼓掌、点赞，分享快乐。朋友圈使每一个微信用户都成为了媒体中心，时刻受到朋友们的关注。

点击发现图标，点击“朋友圈”，即可见到微信好友们发布的信息，如图4-17①所示。向朋友圈发送信息，可点击图标，如②中所示，通过拍照或从相册中选择发布图文信息。如果仅发布文字信息可通过长按图标实现，如③中所示。

图 4-17　微信朋友圈

4. 微信收付款

使用微信，用户可以通过手机完成快速的消费支付、面对面收付款、微信转账、收发红包等功能。微信支付以绑定银行卡的快捷支付为基础，用户在支付时只需在自己的智能手机上输入密码，无须登录手机银行，无须其他身份验证，无须刷卡即可完成支付，整个过程简便流畅。

微信界面点击我图标，点击钱包图标，打开如图4-18界面，可完成收付款、微信转账、发红包等功能，点击银行卡，可对绑定的银行卡进行管理，具体操作参见项目三任务二中相关部分。

图 4-18　微信收付款

5. 微信其他功能

(1)扫一扫。点击如图 4-14①中的“+”，使用菜单中的“扫一扫”可实现对条形码、二维码的扫码读码功能，通过“扫一扫”可添加好友、关注公众号，还可实现扫码快速收付款等功能。

(2)公众号。个人、商家或组织机构在微信公众平台上可申请账号(公众号)，通过公众号，商家可在微信平台上实现和特定群体的文字、图片、语音、视频的全方位沟通与互动。形成了一种主流的线上线下微信互动营销方式。如图 4-19 为河北交通广播订阅号(公众号的一种)界面。通过该订阅号，河北交通广播定期向关注人群推送交通信息，用户通过该订阅号可随时收听、收看直播、查询高速通行状况、查询车辆违法信息、了解最新限行措施等。这种微信订阅号的方式使用方便，交互性强，声、图、文并茂，服务功能强大，表现力远超出传统电台功能，深受广大驾驶人喜爱。

图 4-19　河北交通广播订阅号

二、QQ

QQ 是腾讯公司于微信面市之前推出的网络即时通信软件，最早应用于个人电脑上，并建立了联系人、QQ 群、QQ 空间、QQ 邮箱等概念，在文件传输、辅助办公、信息传递等方面功能非常强大。随现代移动技术的发展，QQ也推出了应用于智能手机端的 App，与同出一家的微信在功能上非常相似，主要界面如图 4-20 所示。因为 QQ 出现较早，曾一度是网络即时通信类软件使用率最高的产品，几乎每台电脑上必装有 QQ，因此 QQ 有非常庞大的用户群。微信与 QQ 的用户共享策略为微信的快速发展起到很大的推动作用。到现在仍然有许多用户同时安装有微信和 QQ 两个功能相似的应用。

图 4-20　QQ 主要功能界面

任务三 休闲娱乐类:腾讯视频等

【任务说明】通过蜻蜓 FM、腾讯视频、央视影音三款影音类手机应用,体验在 4G 网络和 WiFi 支持下,智能手机的娱乐休闲功能。

一、蜻蜓 FM

蜻蜓 FM 是华语地区最好的收音机应用。提供全球在线新闻、音乐、经济、娱乐、相声、外语、教育、都市、体育、小说、故事、戏曲、交通等 3 000 多个电台频道,以及主播电台、有声读物、各类播客等点播内容,24 小时不间断提供在线收听。支持 3G、4G、WiFi 网络环境,并且免流量收听本地电台。蜻蜓 FM 的移动客户端包括 IOS 版和 Android 版,可以直接从各应用商店或蜻蜓 FM 官网(http://m.qingting.fm/)下载。

打开蜻蜓 FM 应用,显示如图 4-21 中①“精选”内容,系统向用户提供推荐节目,用户可根据喜好上下浏览,点击收听。点击“分类”标签,可打开界面如图 4-21 中②,系统对所有资源进行分类,方便用户按类别查寻。图 4-21 中③显示当前网红主播,可以点击进入收听。

图 4-21 蜻蜓 FM 主要功能(1)

点击“电台”标签，可打开图 4-22 中④界面，实时收听电台直播（收音机功能），如点击“河北”，选择“河北音乐广播”，即可收听当前电台直播节目，点击节目单 图标，如图中⑤所示，可收听历史节目和预约收听尚未播出的节目。另外蜻蜓 FM 为方便使用，提供节目收藏功能、提前下载功能、定时关闭功能、节目闹钟功能等，用户可以点击界面左上角图标 ，在个人信息界面中查询管理，如图中⑥所示。

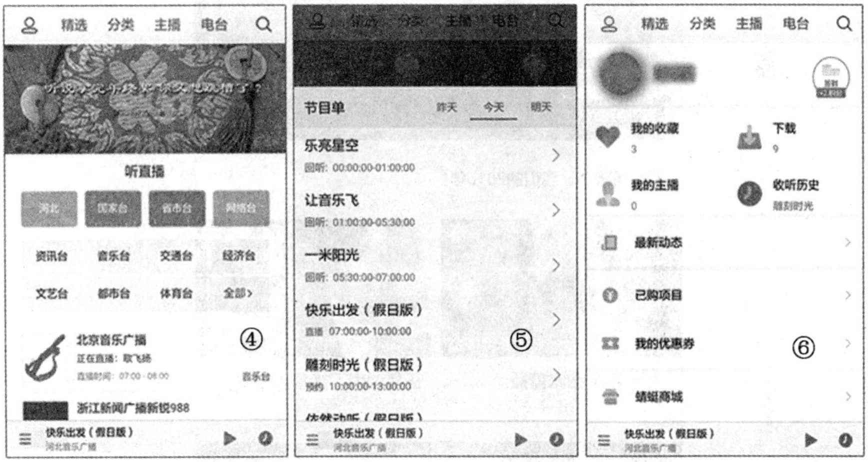

图 4-22　蜻蜓 FM 主要功能(2)

二、腾讯视频

腾讯视频是腾讯科技出品的网络视频播放类应用，提供了非常丰富的在线视频点播及部分电视节目直播服务，可通过应用商店或腾讯视频官网（http://v.qq.com/download.html）下载安装。点击腾讯视频应用图标，打开界面如图 4-23 所示。用户可以点播视频新闻、热播电视剧、综艺节目等，还有可能发现某些独家电视栏目转播、全网影视剧首播等惊喜节目内容。腾讯视频播放流畅、视频资源丰富、节目更新迅速，已成为国内数一数二的视频播放类应用。

图 4-23 腾讯视频

三、央视影音

央视影音是一款通过网络收看中央电视台及全国几十套地方电视台节目最权威的视频客户端。它的节目来源依托中国最大的网络电视台——中国网络电视台，聚合了央视旗下海量的独家资源，为全球用户提供电视直、点播服务。

打开央视影音界面如图 4-24 所示。通过“直播”可以收看 CCTV1 至

CCTV15 的央视直播频道，还可以收看各地卫视、地方频道等大量直播栏目。除观看直播外还可以点播往期栏目和海量的视频资源，电影、电视剧、纪录片、综艺、动画等多达上万部。

图 4-24　央视影音

任务四　出行购物类：搜狗地图、天猫商城等

【任务说明】有智能手机在手，外出时您再也不用担心天气的突然变化和是否能找到回家的路了。“墨迹天气”会随时为您提供天气信息，无论你是驾车、搭载公共交通工具还是步行，“搜狗地图”都会像一个向导，时刻提醒你前进的方向。本任务最后还将引领您如何使用“天猫商城”足不出户地进行商品采购。

一、搜狗地图

搜狗地图是非常优秀的电子地图及导航类应用，无论是乡村道路还是城市干道、辅路都能准确显示和定位，并提供平面、卫星地图、三维地图等多种显示模式。提供公交、步行、驾车多种导航服务，导航定位准确，提示丰富，是外出旅行的必备工具。

搜狗地图在各手机应用市场都可以轻松查找到，下载并安装完成后，点击搜狗地图图标，开打界面如图 4-25 所示。①为搜索栏，用于查找目的地、公交线路等。②为显示道路拥堵状态提示开关。③选择显示模式，系统提供地图、卫星、三维三种模式。图中④所指为手机当前位置，随手机移动，当前位置和地图会相应变化。

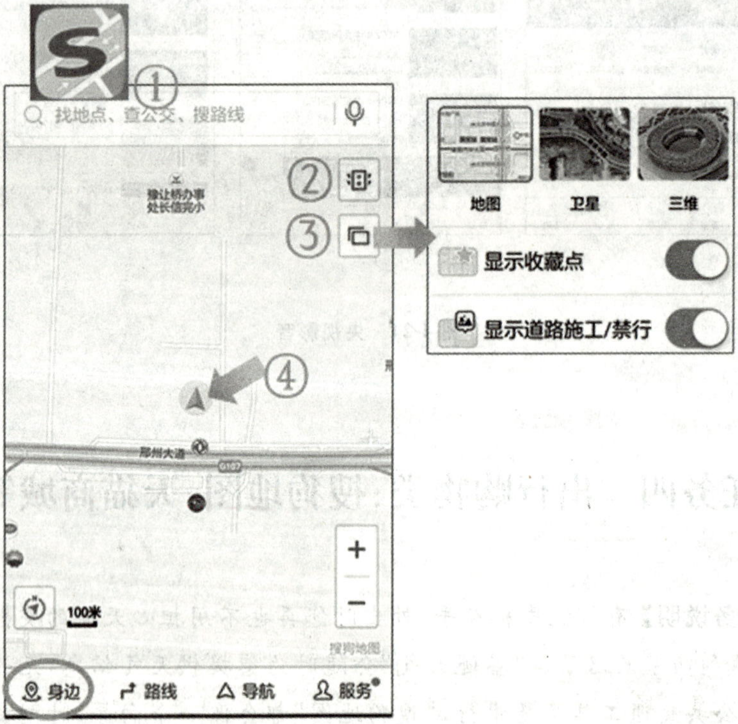

图 4-25　搜狗地图界面

在搜索栏中输入目的地，如本例输入“邢台东站”，系统会提供多个与“邢台东站”相关的位置信息，选定最符合要求的一个，如图 4-26 中①所示，系统提供全程预览和备选路线。点击图标，如图中③选择公交、自驾或步行等出行方式，点击图中②“开始导航”按钮，即进入导航模式。导航中系统会根据位置的变化实时提醒行进路线和周边服务信息。

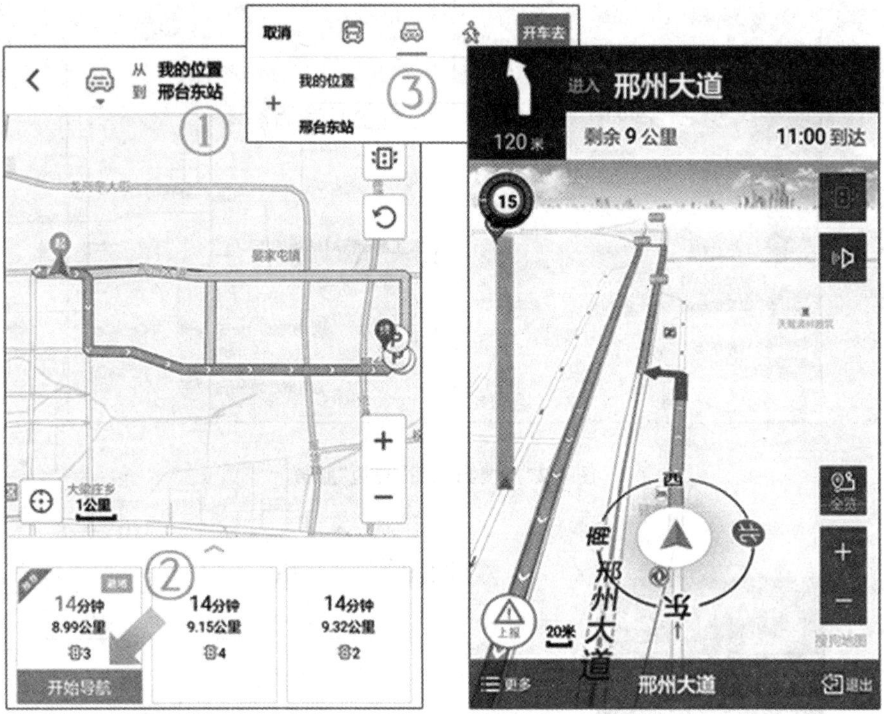

图 4-26　导航

在地图界面，点击如图 4-27 中所示 身边，可打开当前位置附近的银行、酒店、停车场等服务场所位置列表，根据需要选择后点击“我要去”可以快速到达。

为节省数据流量，在出行前最好事先下载好目的地的离线资源包，这样地图使用过程中就不会产生流量及费用。如图 4-28 所示，点击“服务”选择“离线资源”，点击“全部城市”，即可选择下载。因为离线资源包占用手机空间较大，无用的资源包不要下载。

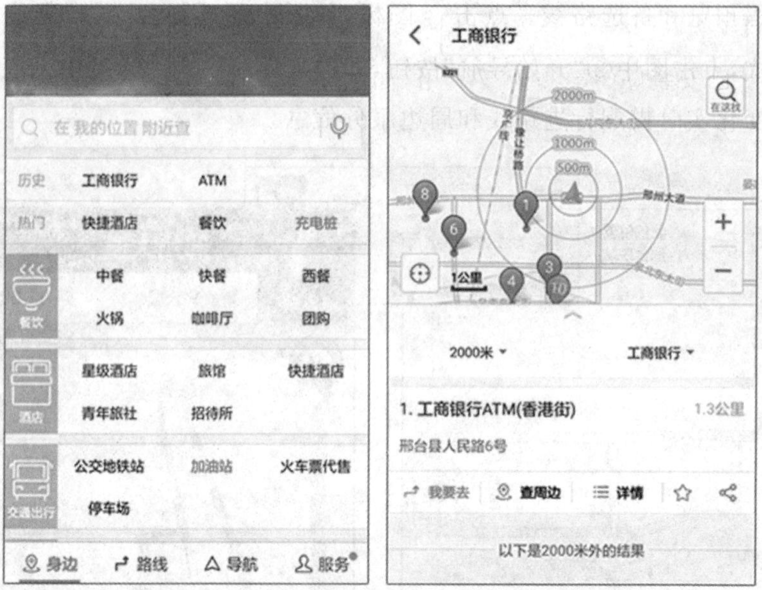

图 4-27 搜狗地图“身边”服务

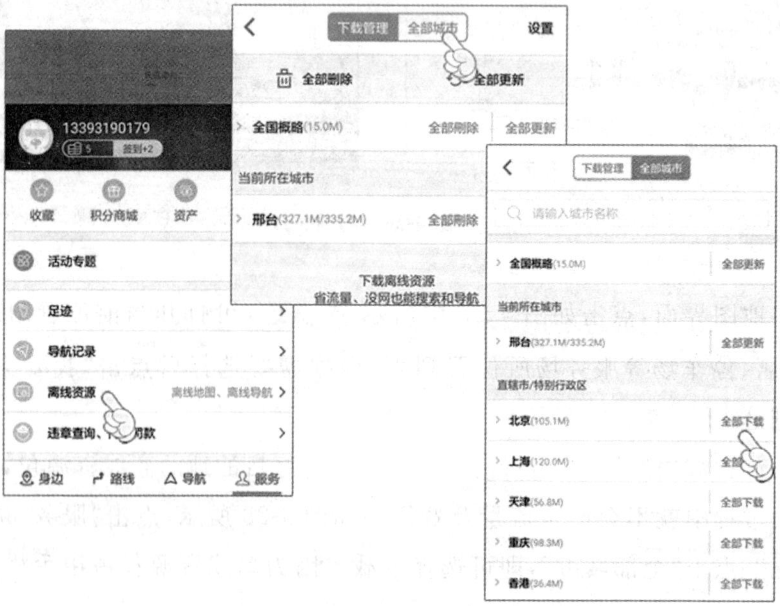

图 4-28 下载离线资源

二、墨迹天气

打开已安装好的墨迹天气应用，如图 4-29 所示，界面中实时显示当前位置的天气、温度、湿度、风力和空气污染程度。上划屏幕，可显示 24 小时天气预报和 15 天预报。

图 4-29　墨迹天气

三、天猫商城

天猫商城是淘宝网打造的 B2C(Business-to-Consumer，商业零售)商务平台。天猫商城整合了数千家品牌商、生产商，为商家和消费者之间提供一站式解决方案，其提供了品质保证的商品，7 天无理由退货的售后服务，以及购物积分返现等优质服务。2014 年 2 月 19 日，阿里集团宣布天猫国际正式上线，为国内消费者直供海外原装进口商品。在 2016 年天猫双十一全球狂欢节中创造了超过 1 207 亿元的总交易额，其中无线交易额占比 81.87%，成为中国现今最知名的线上综合购物平台。

在天猫官网（http://www.tmall.com/）或应用市场下载安装天猫 App。双击手机主屏界面天猫图标，打开如图 4-30 中①所示界面。用户可按类别浏览商品，也可以在搜索框中输入商品名称，快速查找，查找结果会以品牌、价格等因素按顺序展示，如图中②所示。点击商品图片，可打开商品细节信息画面，了解商品详细信息。如果希望购买可点击“加入购物车”，如图中③所示。

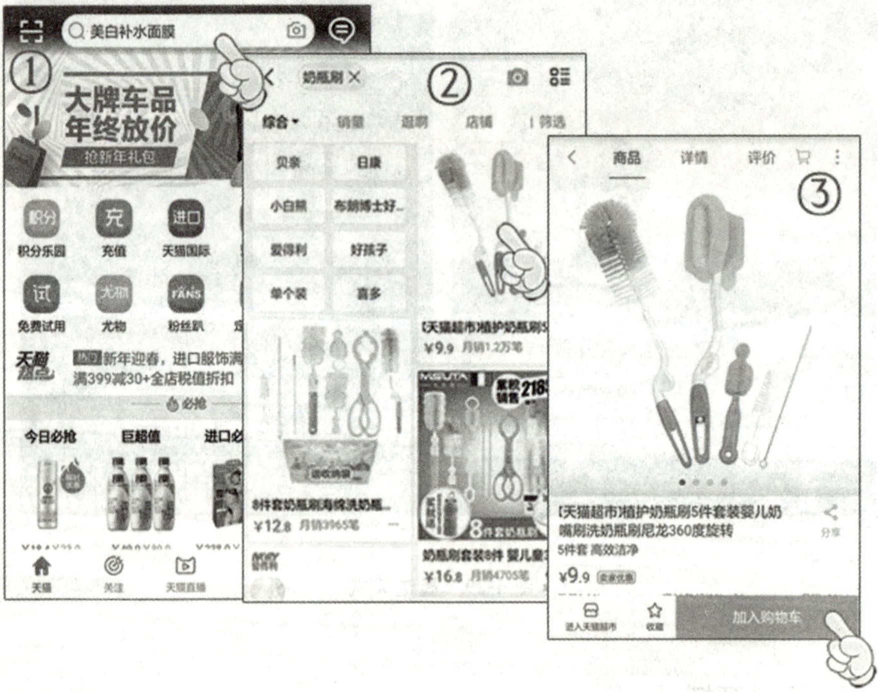

图 4-30 挑选商品

接下来打开图 4-31 的登录画面，如果您是天猫的老用户，可使用已有天猫账户和密码登录，如果您是第一次使用“天猫”购物，需要首先进行用户注册。如图 4-31 中①所指，点击“新用户注册”，输入常用手机号码②，划动滑块进行安全校验③，输入屏幕验证码④，将手机接收到的验证信息正确填入校验码框，并点击“下一步”⑤。在打开的“设置账户信息”中设置会员名和登录密码，如图 4-32 所示。一定要牢记此密码，再次登录天猫时可用会员名和此密码登录，也可用绑定的手机号码和此密码登录。为方便支付，在注册时，天猫为您同时开通了同名的支付宝账户，您可以使用相同的方法登录您的支付宝账户。

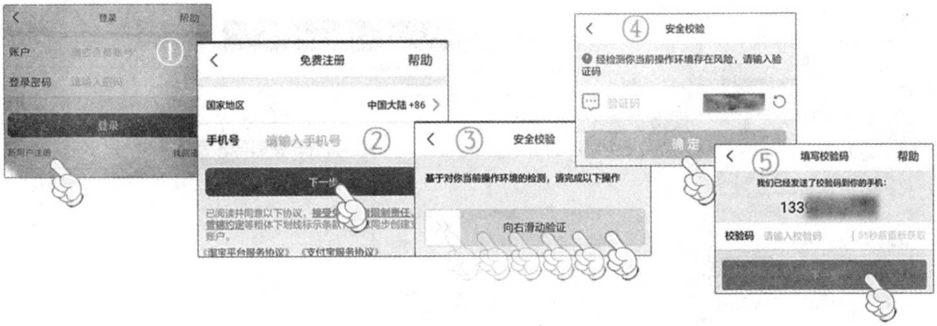

图 4-31　天猫用户注册

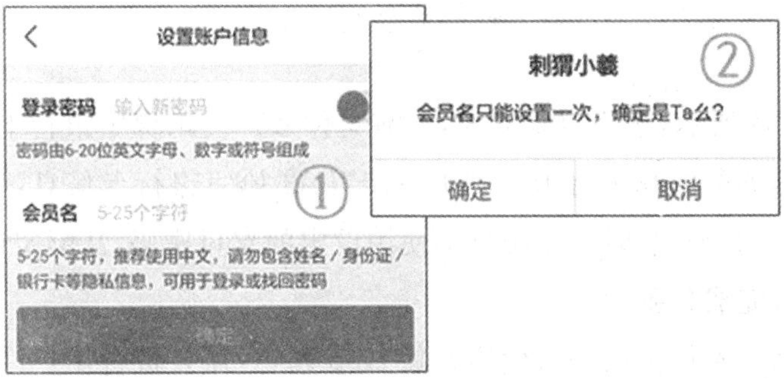

图 4-32　设定天猫会员名称及登录密码

注册成功后，系统自动以新注册的用户登录，并打开“购物车”，如图 4-33 中①所示，点击结算。因为是第一次购物，您刚注册的账户中尚未填写收货地址信息，如图中②所示，点击“确定”，按提示填写收货地址，完成后如图中③所示，点击“提交订单”。④、⑤设置支付密码。同样因为是第一次购物支付，需要首先设定支付密码。在进行付款时，一旦输入此密码将会从绑定的银行卡中或支付宝账户中转出资金，因此一定要妥善保管此密码，另外此密码还用于对商户服务进行评价。支付密码设置成功后，点击“立即付款”就可以给商家付款了，如图 4-33 中⑥所示。

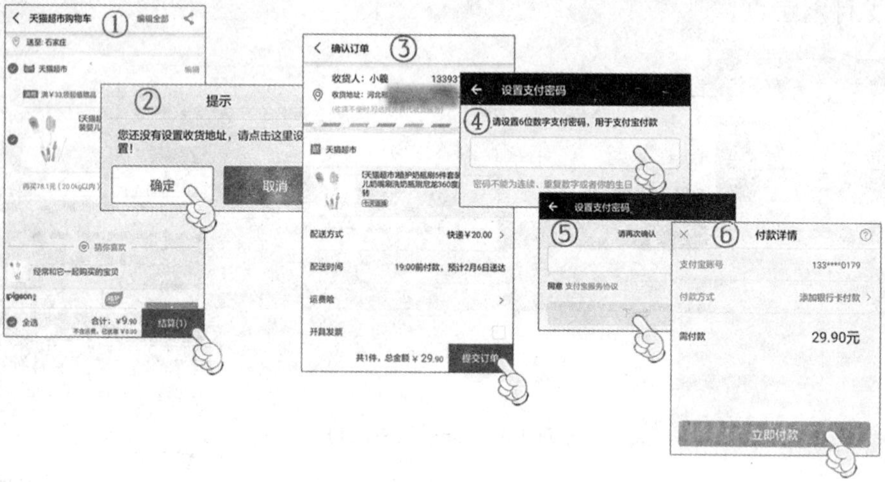

图 4-33 天猫购物

如图 4-34 所示，选择付款方式，当前支付账户尚未绑定银行卡，首先为其绑定银行卡，如②填写银行卡号，“下一步”。③填写银行卡信息，④进行手机短信验证。⑤验证成功后，系统自动使用设定的支付密码，从绑定的银行卡中划出购物款，完成付款。

说明：因为本例为第一次使用天猫 App 购物，需要进行用户注册、填写收货地址、设定支付密码、绑定银行卡等初始操作。再次使用天猫 App 购物时，则无须重复以上操作。只需使用已注册的账号、密码登录，挑选商品提交订单后，使用设置的支付密码即可完成购物付款，过程非常简单。具体支付过程可参看项目三任务二中快捷支付部分。

图 4-34　添加银行卡

付款成功后，商家会根据您的购买信息安排物流发货，点击图 4-34⑤中“查看订单”，可打开图 4-35 中①所示画面，查看订单详细信息，并可完成发起退款、查看物流、修改地址等操作。

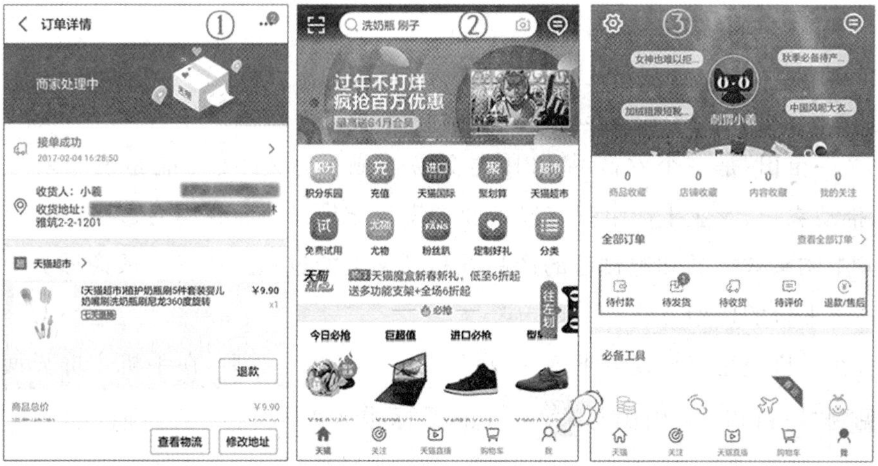

图 4-35　接收货物及售后管理

在提交商品订单后，您随时可以通过点击天猫主界面中的图标，如图 4-35 中②所指，打开个人信息界面如③所示，查看所购商品的购买进度和售后信息。

任务五　农业科技类：12316 三农信息通、一亩田等

【任务说明】以"12316 三农信息通""一亩田""农科助手"三个典型农业类 App 为例，体验智能手机、移动互联网络对农业生产的影响。

一、"12316 三农信息通"App

"12316 三农信息通"App 由农业部信息中心发布，是较为权威的农业资讯类 App。下载并安装"三农信息通"App 后，点击图标，打开"三农信息通"应用，如图 4-36 所示。该应用发布有大量的农业热点信息、扶农政策、市场行情动态、科普知识等。同时还推出信息联播、视频新闻、农业技术服务等栏目。如图 4-37 所示。"三农信息通"是农民朋友掌握农业政策、了解市场行情的必备工具。

二、"一亩田"App

"一亩田"是一个农产品 B2B 类交易促成平台，主要功能是发布农业咨询、推动农户、农业生产组织与经销商规模化交易。下面我们通过在"一亩田"App 上购买农产品和把自己的产品发布到网上的过程来体验一般商城类农产品销售平台的使用方法。

在手机应用市场搜索下载"一亩田"App，安装完成后，在手机主屏界面上会见到"一亩田"应用图标。点击图标进入"一亩田"主界面，如图 4-38 所示。

三农信息通
热点
联播
视频
服务
千名农民喜获安置房
热线
咨询
供求
农情
价格
推荐
更多
安徽出台土壤污染防治方案
方案要求，今年起，已污染的地块，治理不达标的不得出让、转让。
一千二百万亩耕地轮作休耕
资讯
互动
发现
更多
三农信息通
热点
联播
视频
服务
政策
更多
关于扎实推进高标准农田建设意见
国务院有关部门要把建后管护机制落实情况纳入高标准农田建设考核范围。
实施《自然灾害救助条例》办法
县级以上人民政府应当将自然灾害救助工作纳入国民经济和社会发展规划。
关于划定生态保护红线的若干意见
牢固树立底线意识，将生态保护红线作为编制空间规划的基础。
关于村土地规划工作的指导意见
做好村土地利用规划编制工作，必须充分发挥村民自治组织作用。
关于加强春季田间管理的技术意见
资讯
互动
发现
更多
三农信息通
热点
联播
视频
服务
科普
更多
吃皮皮虾有哪些禁忌
皮皮虾是虾当中比较难剥皮的一种海鲜，并不是所有人都适合吃皮皮虾。
春季养生肝为先
春天朝气蓬勃，肝气旺盛，肝阳易亢，常会出现头晕、目眩、耳鸣等症状。
香蕉可以空腹吃吗
空腹时，胃肠内没有可供消化的食物，此时若是吃香蕉，将会加快肠胃的运动。
蜂蜜水怎么喝功效好
女性常喝蜂蜜水有助于排毒美容，那么蜂蜜水怎么喝功效好些呢？
山竹怎么挑选？怎么剥山竹
资讯
互动
发现
更多
三农信息通
热点
联播
视频
服务
市场
更多
天气转暖 水产品价格应声回落
除了淡水鱼等产品的价格有所走低以外，各种鲜鱼的价格也是逐步回落。
西红柿价格坚挺 鸡蛋价格持续下滑
最近本地绿叶菜生长比较旺盛，日上市量逐渐增加，价格走低。
沃柑上市 甜到舌尖
沃柑品质上乘，口感极甜，含糖量高于同类柑橘，味甜多汁，细嫩化渣。
蛋价持续低位运行
据了解，春节过后，鸡蛋价格持续低位排徊。
近期蔬菜价格稳中有降 牛羊肉价格上涨
资讯
互动
发现
更多

图 4-36　热点信息

图 4-37 资讯与服务

图 4-38 "一亩田"主界面

如图 4-38 中箭头所指“一亩田”App 主要功能包括：

我要买：进行农产品和农资的采购。

我要卖：发布自家产品，进行网上销售。

发现：关注生意圈动向，查找和关注客户，了解国内行情。

聊一聊：与关注的客户通信。

我的：注册和完善个人信息。

(一)注册与身份认证

注册和实名认证是进行网上交易的第一步，也是卖家取得客户信任的基础。因此计划进行网上交易的用户要尽快进行注册和实名认证，认证级别越高，越容易取得客户的信任。

点击主界面中“我的”图标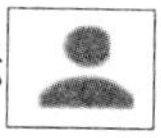，打开如图 4-39 中图①界面。

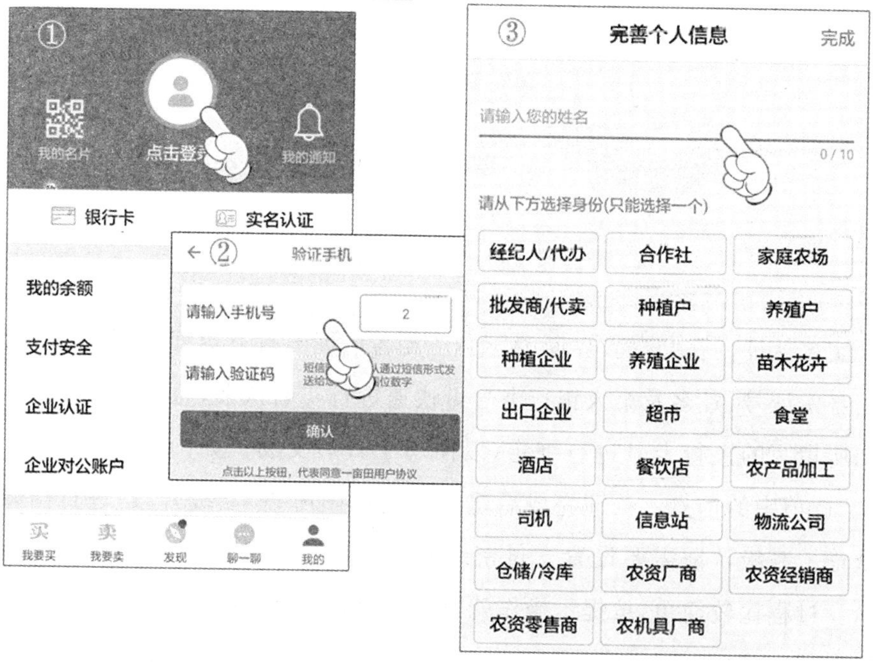

图 4-39　新用户注册

点击“点击登录”，在图 4-39②中输入常用手机号码，并获取验证码，点击“确认”，在接下来的图③中输入你的姓名或昵称，选择一个身份，建议按照真实情况选择，这样有利于您商品的销售，点击“完成”。这样新用户注册就完成了，作为买家或卖家，您还要继续完善个人资料，以方便后续商品的买卖。

点击屏幕下方“我的”图标，点击注册名称或头像，打开如图 4-40 中图①界面，点击“编辑我的名片”，在图②画面中完善个人信息，建议主营类别、实力展示部分一定要认真填写，尤其不要放弃系统提供的图片展示机会，它很可能会为你留住许多潜在的客户。填写后效果如图中③所示。

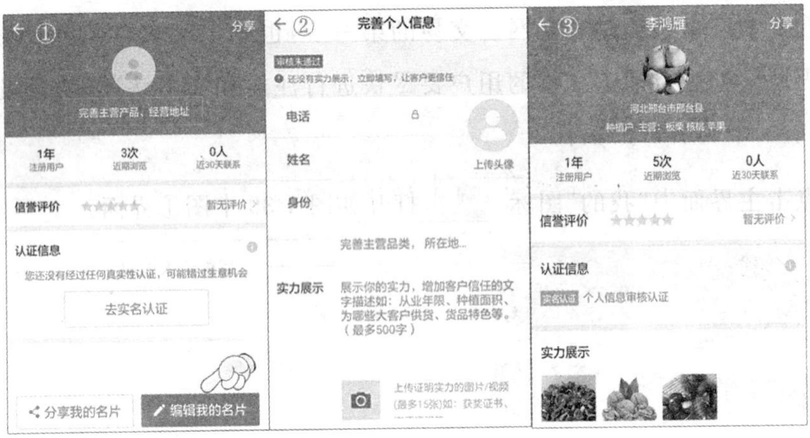

图 4-40　完善个人信息

实名认证。在“我的”界面中，点击“实名认证”，打开界面如图 4-41 所示，使用身份证号、姓名及个人银行卡号可快速进行实名认证，通过认证后系统会将您所填写的银行卡号进行绑定，以便用于日后交易。如图 4-42 所示为“银行卡”选项中的信息。认证完成后建议点击如图所指“立级升级”进行高级实名认证。高级认证需要设置支付密码和个人真实性验证，如图 4-43、图 4-44 所示。过程比较简单，按提示操作就可以了，提交认证后一般需要一个工作日进行系统审核。

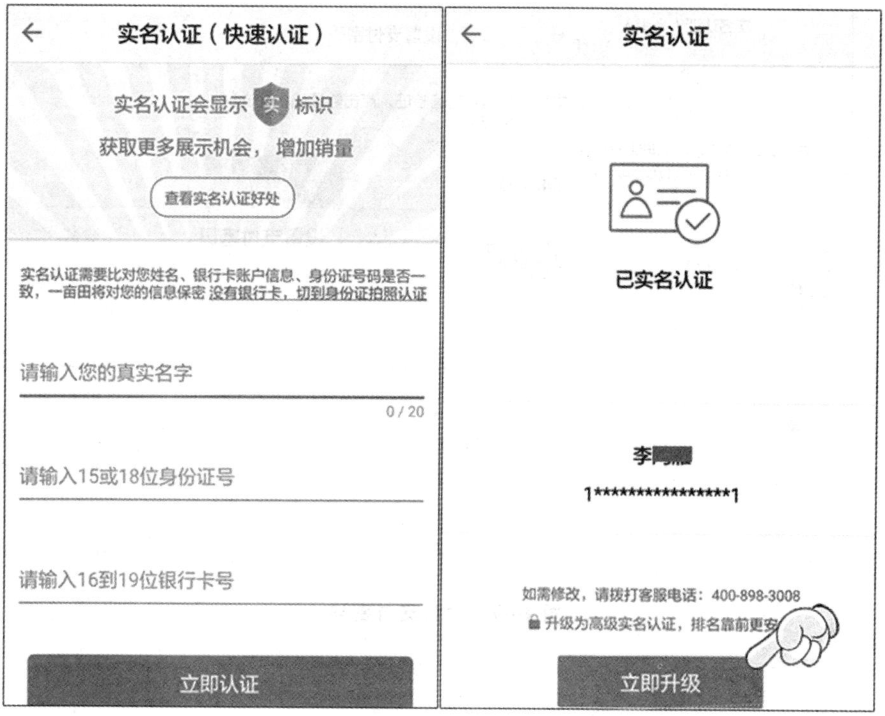

图 4-41　快速认证

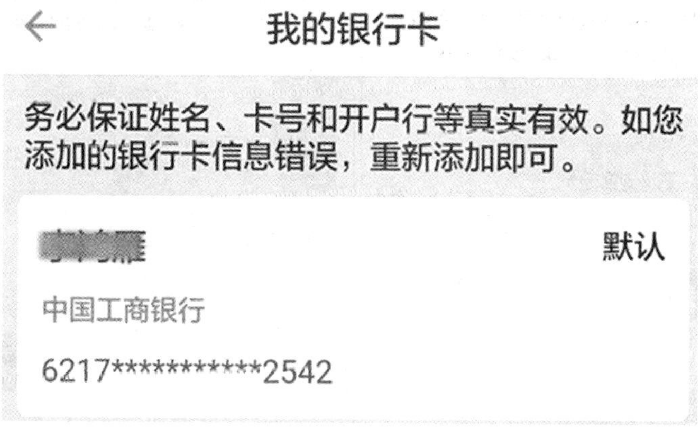

图 4-42　绑定的银行卡信息

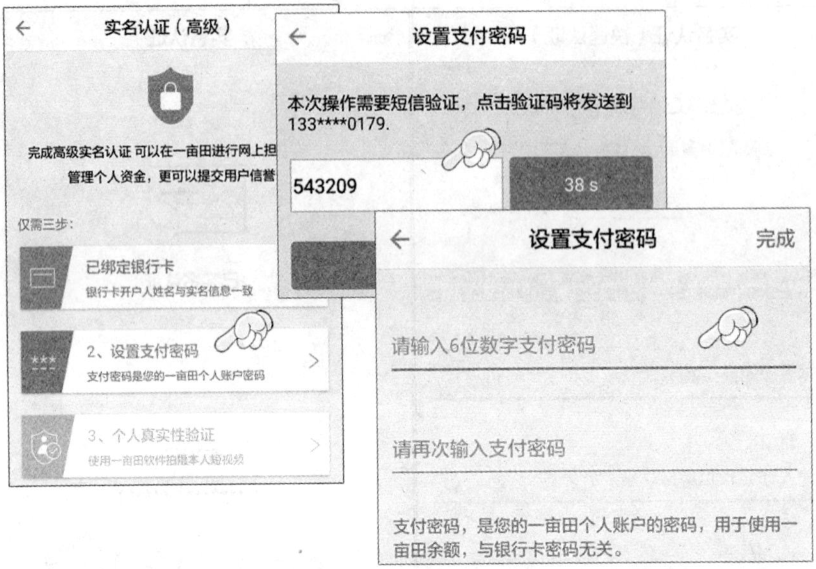

图 4-43　设置支付密码

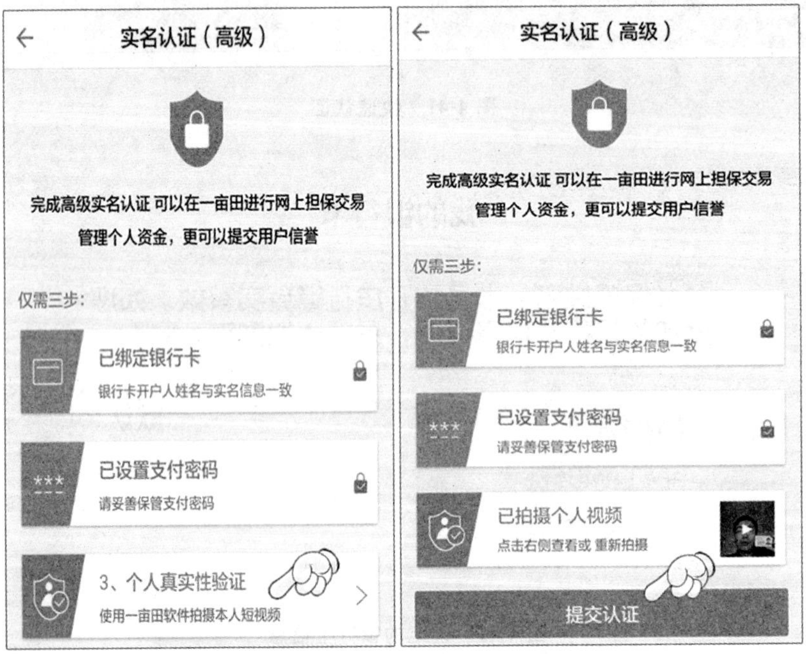

图 4-44　个人真实性验证

设置收货地址。在“我的”界面,“收货地址管理”中添加当您采购完商品后的收货地址,如图 4-45 所示。

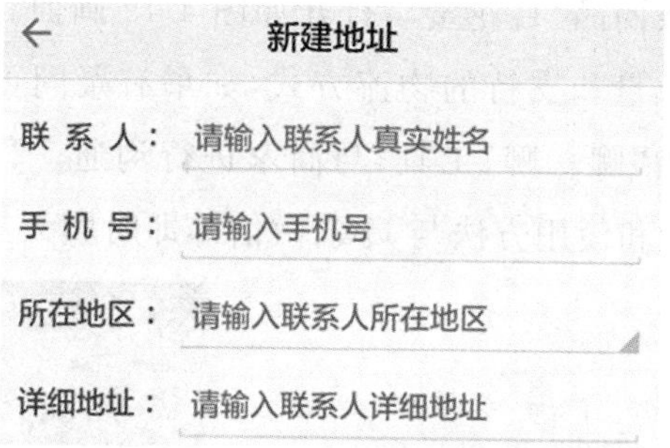

图 4-45　管理收货地址

(二)选购商品

在一亩田选购商品和其他网上商城类似。打开“一亩田”,点击“我要买”,如图 4-46 所示。您可以按照货品分类查找,点击如图中手指所指位置。分类查找界面如图 4-47 所示,您可以逐级查找直到找到满意的货品。

图 4-46　选购商品

图 4-47　商品分类查找

你也可以在图 4-46 箭头①所指位置输入货品信息进行检索，快速找到货品。例如输入“蜂蜜”，检索结果如图 4-48 所示。

我们点击第二条商品“百花蜜”，打开如图 4-49 画面。在此商品详细介绍中要注意商品起售数量和支持的物流方式，如果有疑问可以点击“打电话”或点击如图中手指所指“聊一聊”工具，与商家进行沟通。“聊一聊”工具界面如图 4-51 所示，其功能和使用方法与 QQ、微信等即时聊天工具类似。

图 4-48 检索货品

图 4-49 百花蜜细节

如果决定购买，点击“立即买”按钮。如图 4-50 所示，填写购买数量，核对价格，点击“去下单”，确认物流地址无误后点击“立即购买”，生成订单。此时需要等待卖家确认订单。卖家确认订单后，会以手机短信和“一亩田”弹出信息的形式提示您，如图 4-52 所示，确认无误后，点击“去付款”，向“一亩田”支付货款，进行担保交易。完成付款后，卖家通过商定的物流发货，买家收到货物后在订单中确认收货，“一亩田”放款至卖家，至此交易完成。

图 4-50　购买下单

图 4-51　聊天界面

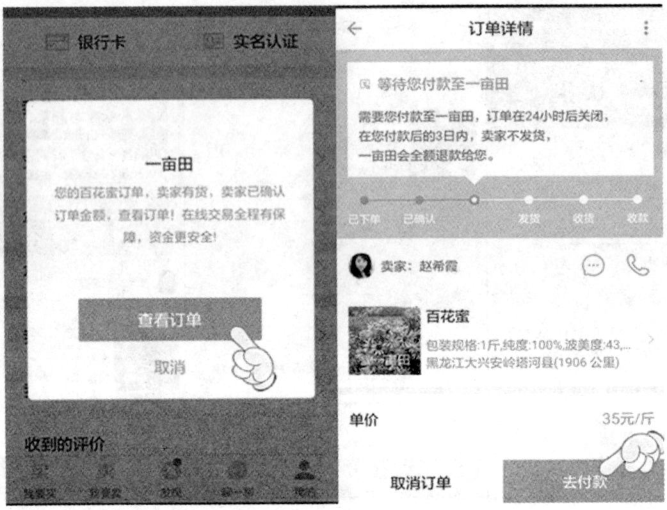

图 4-52　订单确认，付款

(三)发布产品

接下来，我们在“一亩田”平台发布我们自己的农产品。使用注册手机号登录“一亩田”应用，点击主界面中的“我要卖”图标。如图 4-53 所示。点击屏幕顶端的“发布货品”。

图 4-53　选择发布货品

以发布红富士苹果商品为例。a. 首先按产品类别逐步设定商品名称如图4-54中①所示。b. 接下来设定货品规格，本例红富士苹果需要设定项目有“平均果径”、“是否套袋”、“果颜色”、“包装”、“是否贴字”、“果型”、“储存方式”等，如图中②所示。c. 设置起批数量及价格，如图中③所示。d. 设置“是否有现

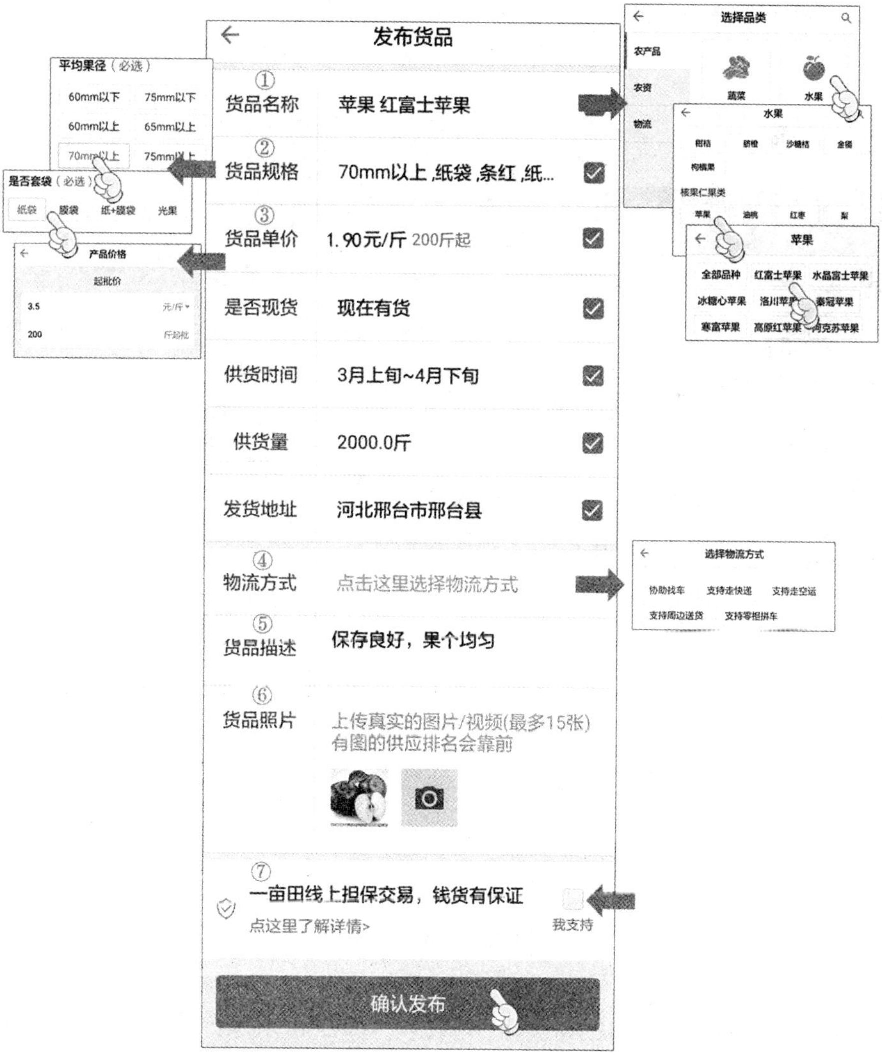

图 4-54　发布货品

货”信息。e. 选择供货时间。f. 填写可供货数量。g. 选择可提供物流方式，如图中④所示。h. 进行货品文字描述和上传货品照片。建议选择图中⑦“线上担保交易”中的“我支持”复选框，否则商品销售界面中的“立即买”按钮将不可用，只能通过“打电话”方式促成交易。点击“确认发布”，货品即将在60秒后展示在供应大厅。发布成功画面如图4-55中①所示。可以点击“查看货品”“管理货品”“分享货品”对所发布的货品进行管理和宣传。

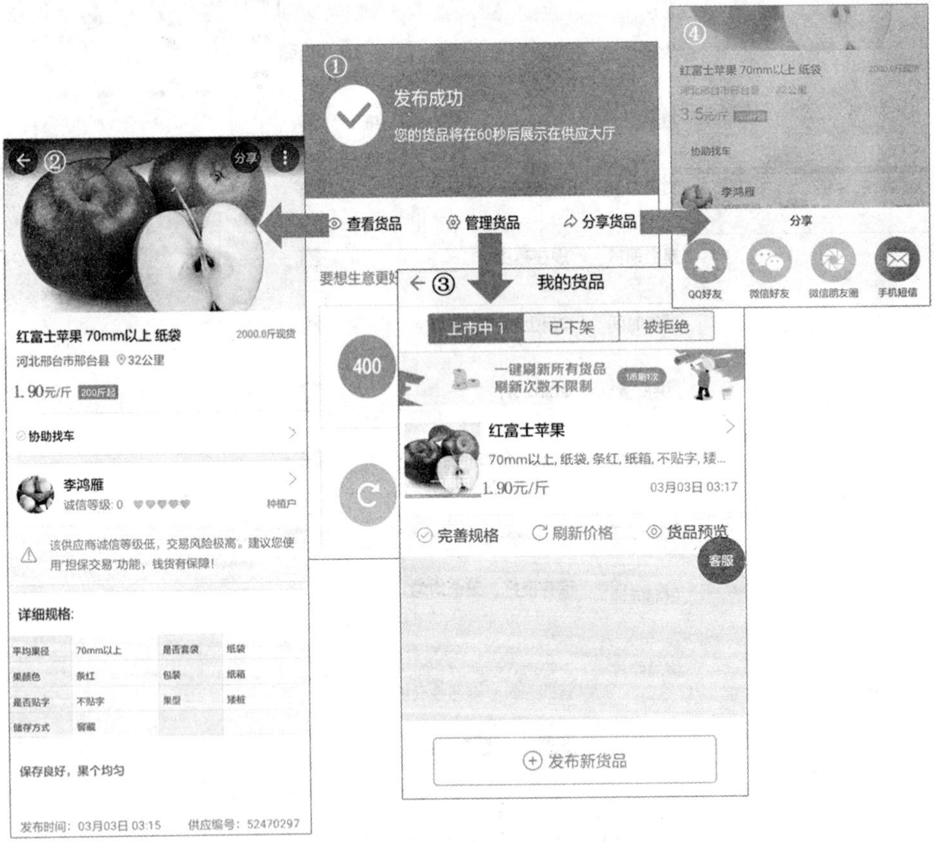

图 4-55 货品发布成功

货品发布成功后，就可以点击“我要买”，通过检索或分类查询的方式找到你刚刚发布的货品了，如图4-56所示。采购商通过点击“立即买”即可下单采购。

图 4-56　销售大厅中的货品

您可能已经发现，您所发布的货品在销售大厅中并不容易找到，并且在货品销售画面中还存在“该供应商诚信等级低，交易风险极高”等字样，影响你的销售。这是因为我们是第一次发布货品还没有任何诚信记录，随交易量提升，您的诚信级别会不断提高，您发布的货品排序也会更靠前，进而更容易被买家发现，“一亩田”诚信等级如图 4-57 所示。尽快提升自己的诚信等级，努力宣传自己的产品，学习和掌握销售技巧，尽力促成每一单生意是网络卖家的日常工作，也是努力的方向。

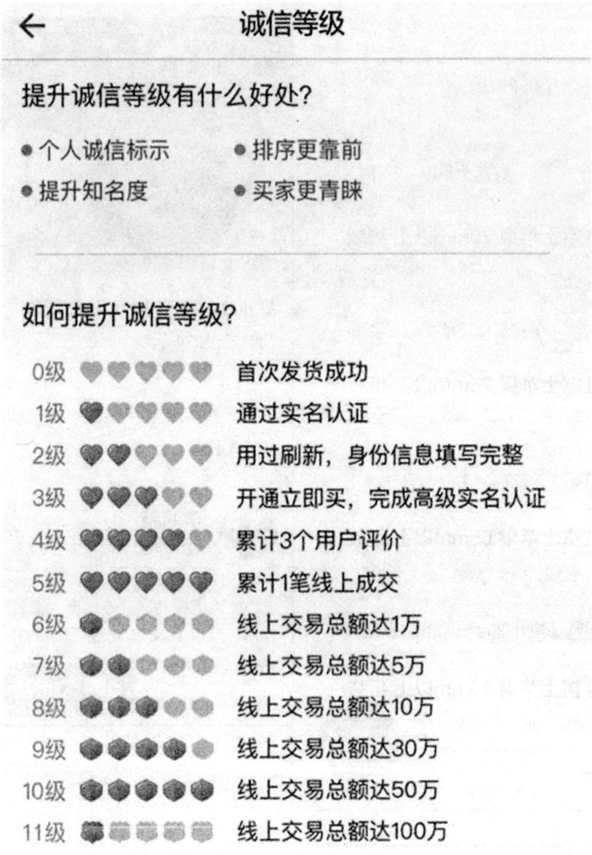

图 4-57 “一亩田”诚信等级划分

三、“农科助手”App

下载并安装“农科助手”App，点击图标，打开“农科助手”应用。通过“农科助手”您可以查看别人的热点提问，观看“农讲堂”，查询“周边服务”。农科助手拥有大量的农业类专家，您随时通过点击按钮向农业专家发出自己在生产中遇到的问题，您会得到最权威的解答。如图 4-58 所示。

问答
专家
供求
热点
马铃薯烂母子什么原因！这个病传染吗？
山东省枣庄市薛城区
1天前
用户1488265186972
0回答
黄瓜怎么了？得了什么病？
山东省烟台市海阳市
4天前
用户1488022594368
0回答
首页
农讲堂
问
周边服务
我的
推荐
樱桃整形修剪
主讲人：
207浏览
1评论
苹果矮砧密植栽培技术
主讲人：默默
194浏览
1评论
果实采后贮藏技术、生理病害
主讲人：Chris教授
122浏览
0评论
中国大樱桃市场动态分析报告
主讲人：杨杰
158浏览
0评论
大樱桃产业发展状况——以甘...
主讲人：呼丽萍
100浏览
0评论
周边服务
搜你想搜的
绿之源园林工程有限公司
距离 56.33 km
点击进店 >>
新农发生物工程开发有限公司
距离 107.33 km
点击进店 >>
河北电视台农民频道
距离 107.33 km
点击进店 >>
石家庄市金利化工有限公司
距离 124.74 km
快捷问
在此输入您的问题,会有热心网友回答...
所在位置
悬赏10金币
提问

图 4 58　农科助手

项目五　移动互联网与农业电子商务

移动互联网和电子商务的发展，尤其智能手机的普及对当下农业的农展也产生了非常重大的影响。目前一些农业生产大省或试点地区在各级农业主管部门和行业组织的引导下，开始尝试产前网络技术咨询，产中专家在线支持，产后借力电子商务销售的农业服务网络体系，有效降低了农业生产的经营风险，节省了大量农业资源，甚至一些农户已经实现了通过手机远程监测与调控大棚温室环境、自动化控制肥水系统等生产过程管理自动化。一些农业生产基地或企业通过编码和数据库管理技术实现了农产品溯源系统，消费者在超市只需用手机扫一扫农产品上的编码，就可以获得所购商品从生产运输到上架销售各环节的信息，而真正实现"放心菜""放心肉"的安全消费。

农产品销售网络化的发展也非常迅速。近年来各类农资销售网络平台、农产品商城、农产品销售 App、农产品网店等快速发展，缩短了农产品的供需链条，加快了农产品流通，一定程度上缓解了农产品的经营风险，提高了农民收益。

移动互联网的发展，对传统媒体的作用和信息传播方式产生了巨大的影响，微博、微信、公众号、各类直播平台、WAP 站点以及功能各异的 App 等，使人们通过智能手机、iPad 等设备接受信息更加及时、便利，渠道更加广泛。同时如果你的产品独具特色，希望更多的人了解你和你的产品，你有了更加丰富的途径。也许一夜之间你的田园或小店就被千万人关注，而你也成为"网红"。

本项目我们就从建立自己的手机网站、建立自己的农产品网上店铺（微店）、开通自己的公众号开始，带着你的农产品走进移动互联网时代，用微信、二维码、公众号、微博等工具向移动互联时代宣布我来了。

任务一 建立自己的WAP站点

【任务说明】通过建立手机WAP网站，可以把生产过程、经营特色、产品优势、销售信息等放到网上，感兴趣的用户使用智能手机或电脑就可以方便地看到，这些信息不但可以是文字的，还可以是图像的，甚至是声音或影像信息。WAP网站是最早利用移动互联网络的一种宣传方式，也是非常有效的方式之一。

本任务我们将使用“建站ABC”网站提供的免费WAP建站功能，建立属于自己的农产品销售网站，效果如图5-27所示。

一、注册“建站ABC”用户

使用电脑浏览器打开“建站ABC”网站(http://admin.ev123.com/login.php)，如图5-1所示。点击“注册”，在打开的图5-2中依次填写用户名、密码、验证码等信息，点击“同意并注册”。(请牢记填写的用户名及设置的密码，以便再次登录该站点时使用。)在打开的图5-3中填入网站名称、手机号码以及用于找回密码的邮箱，点击开始建站。在打开的图5-4界面中选择网站类型，此处选择“其他”，点击“继续”。图5-5中选择“移动端”网站。

图5-1 注册建站ABC用户

图 5-2　填写注册信息

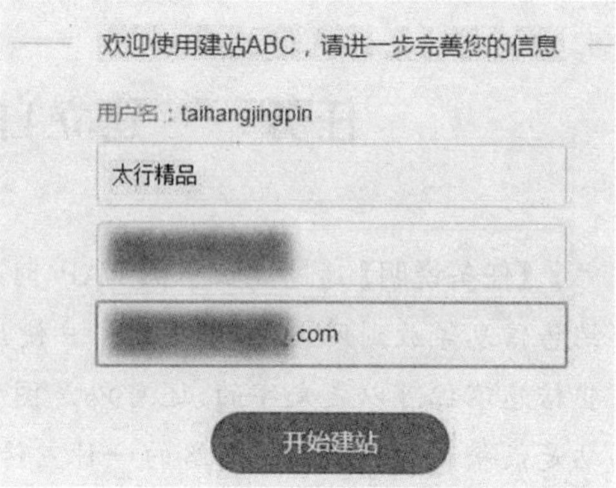

图 5-3　完善信息

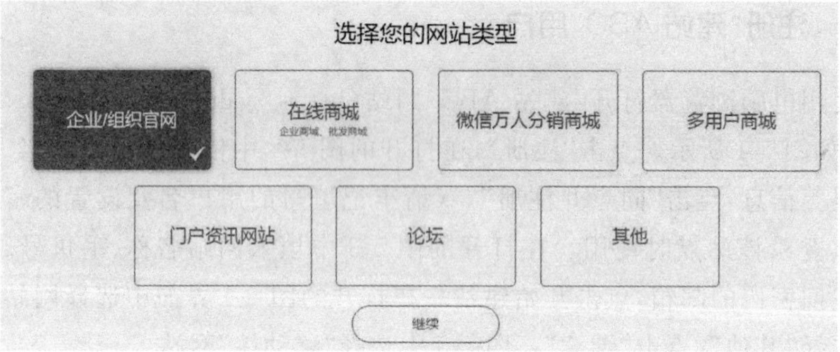

图 5-4　选择网站类型

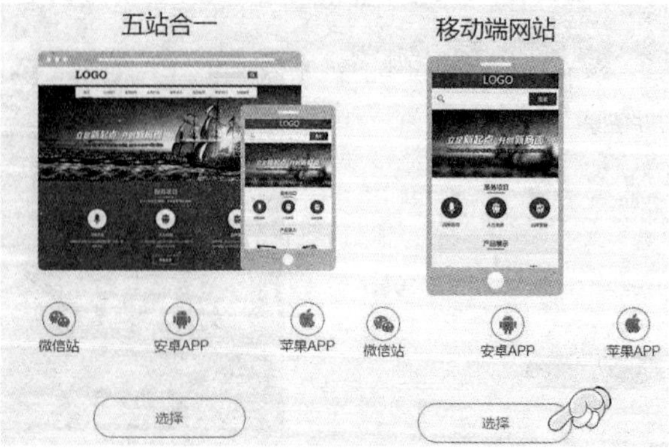

图 5-5　选择移动端网站建站

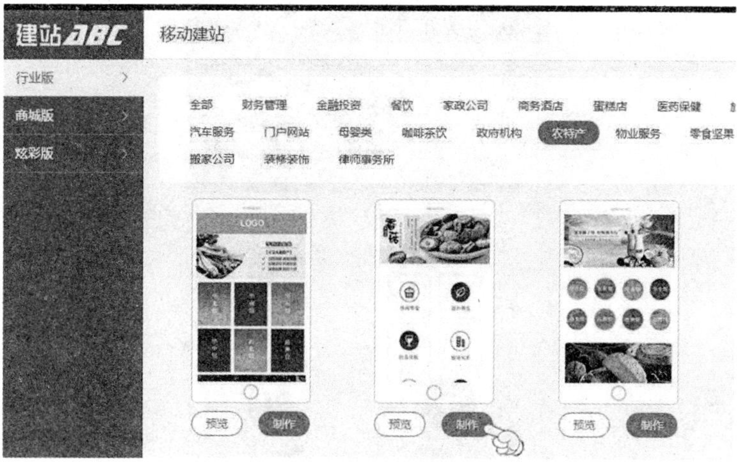

图 5-6　选择站点模板

在建站向导指引下选择站点模板，如图 5-6 所示。本例使用“农特产”类中的一个模板，点击相应模板的“制作”。进入手机网站制作界面，如图 5-7 所示，点击屏幕右上角“保存”。当前生成手机网站效果如图 5-8 所示。

图 5-7　手机网站制作页面

图 5-8 手机端效果

二、调整网站栏目、添加内容

(一)登录建站 ABC

在电脑浏览器地址栏输入网址 http://admin.ev123.com/login.php，打开登录界面，输入注册时填写的用户名及密码，输入验证码后点击“登录”。打开如图 5-9 所示申请的个人空间管理首页，建站 ABC 提供的功能非常强大，你可以在此建立电脑网站、微信网站等，有兴趣的话可以尝试，这里点击屏幕右上角的“编辑网站”，打开图 5-10 个人手机网站编辑界面。图 5-10 中①所示为编辑版本选择，可以选择电脑网站或手机网站等，本例应确认处于手机网站编辑状态。②为编辑功能主菜单区。③为页面可添加功能模块。④为模板选择按钮。⑤为效果预览区。

(二)编辑网站 LOGO

如图 5-11 点击效果预览区 LOGO 部分的“头部内容管理”，打开图 5-12 所示画面。填写标题，选择电脑中大小为 640 px×120 px 图片作为网站标题条，此标题图片通常放置网站名称、图标、宗旨等内容。完成后点击保存。

图 5-9　个人空间管理首面

图 5-10　个人网站编辑界面

图 5-11　头部内容管理

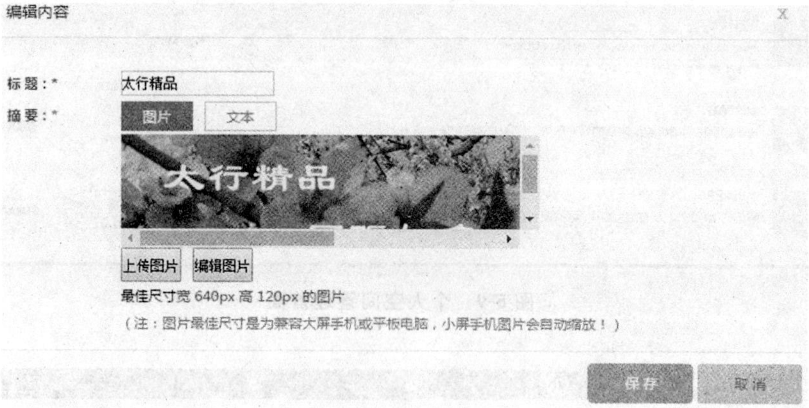

图 5-12　头部图片上传

(三)设置栏目

点击主功能菜单栏“栏目”菜单项,在栏目管理中将预设栏目“公司新闻”“公司产品”“关于我们”删除。如图 5-13 所示。

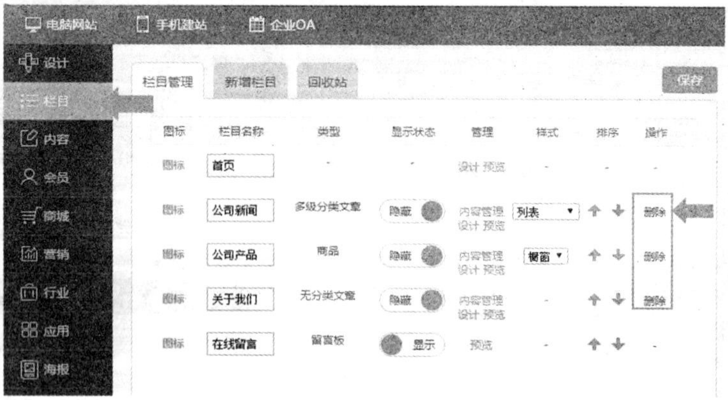

图 5-13　栏目管理

如图 5-14 中①所示点击新增栏目，并设定栏目名称及栏目类型。系统提供了 7 种栏目类型可选，为方便演示，我们将如图中②所设的“关于基地”“焦点讨论”等栏目均设为“单页栏目”类型，“滚动图片内容”栏目设为“无分类文章”类型，其他栏目类型各有特色，可自行尝试，设置完成后注意点击“保存”按钮。

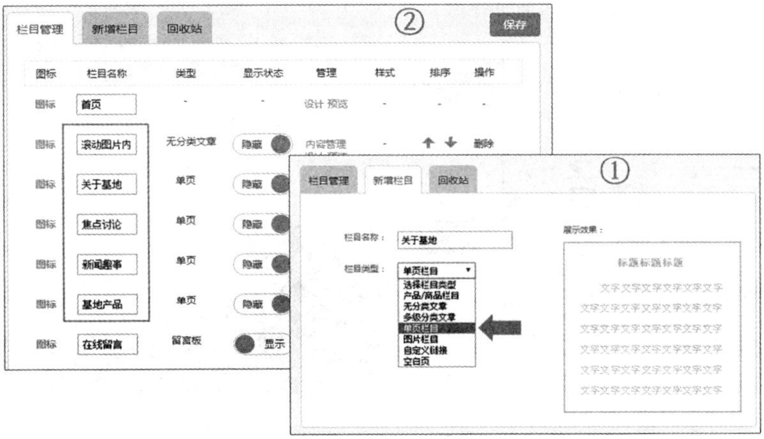

图 5-14　新增栏目

（四）添加栏目内容

点击主功能菜单中的“内容”，选择栏目，分别为每个栏目添加一条信息，“滚动图片内容”栏目添加三条信息。如图 5-15 所示，依次填入标题、选择导读图、录入正文。

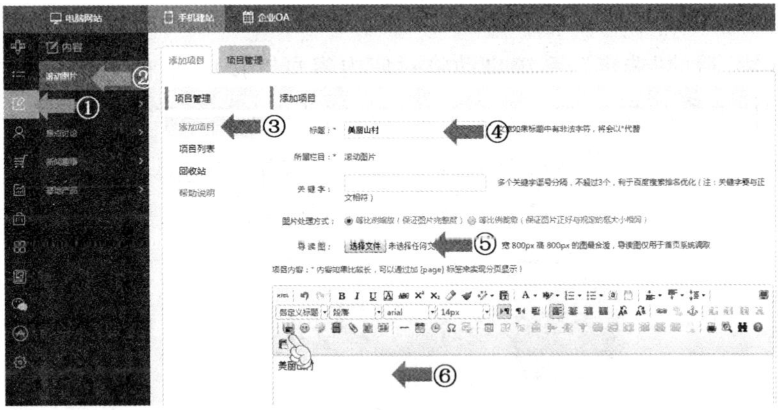

图 5-15　添加栏目内容

正文编辑中可以为正文加入多幅图片。点击 图标，在打开的图 5-16 ①中“点击选择图片”，在②中选择图片并点击“打开”，在③中点击“开始上传”并确认，即将图片插入正文中。完成后点击“保存”。

图 5-16 添加图片

(五)设置滚动图片

鼠标移入效果预览区中的滚动图片，如图 5-17 所示，点击浮出的“焦点图内容管理”，在打开的图 5-18 中为滚动图片添加三组图片。首先为第一个图片设定标题，如图中①所指点击查找标题，滚动图片内容我们事先编辑好存放在滚动图片栏目中了，如图中②所指，点击滚动图片栏目名称，下一级，点击“山珍好货”后的“选定”，系统自动将对应内容页链接填入“链接”框内，如图中③所示，接下来点击“上传图片”，上传滚动图片中的第一张图片。

图 5-17 管理滚动图片

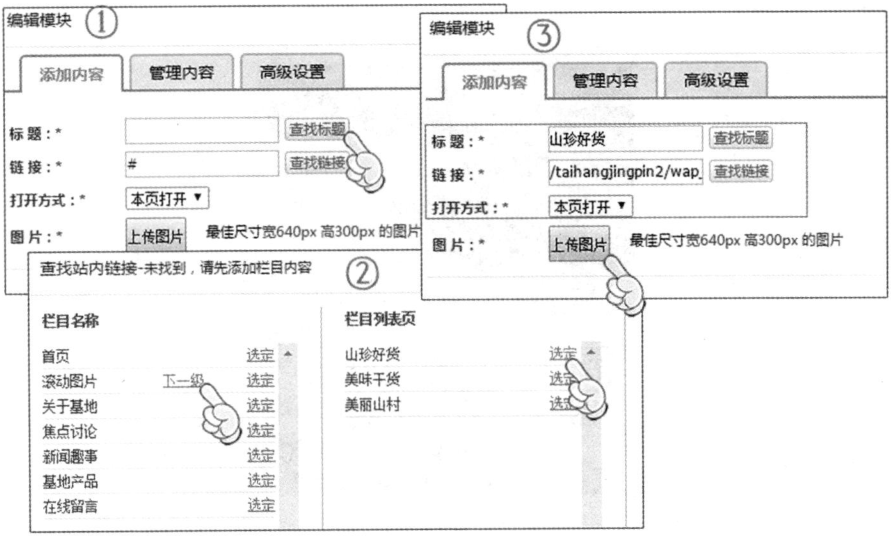

图 5-18　滚动图片管理界面

在打开的如图 5-19 中点击上传图片画面中的带“＋”图标，并从电脑中选择适合的图片文件，此处要求图片尺寸为宽 640 px、高 300 px，并小于 3 M，完成后点击“开始上传”，上传成功后点击“直接使用”，再点击保存。这样滚动图片模块的第一张图片内容就添加完成了，同样再添加第二张和第三张图片内容。效果如图 5-20 所示。手机端三张图片将依次滚动显示，点击滚动图片中的某一张时将打开链接的文章内容。

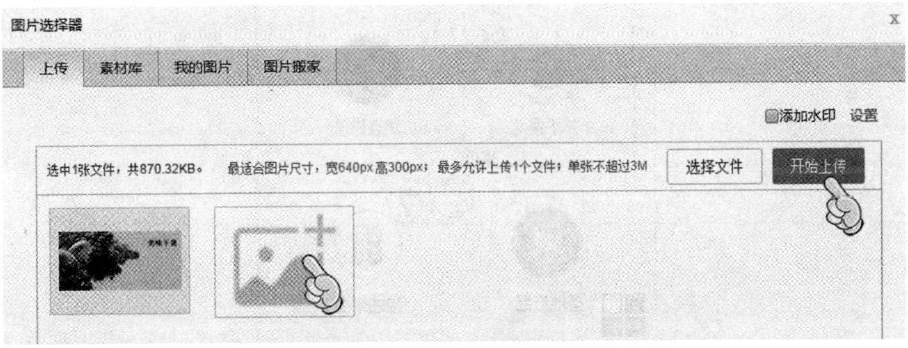

图 5-19　上传图片

图 5-20 滚动图片设置效果

(六)设置栏目功能按钮

在效果预览区,点击图 5-20 中②所指的 X ,将不需要的功能模块删除。

鼠标移入如图 5-21 所示导航按钮区域,点击①中所指"添加管理",删除模板中最后两项,如图 5-22 所示,这样去除掉两个多余的导航按钮后,面板中就只剩我们需要的四个导航按钮了。

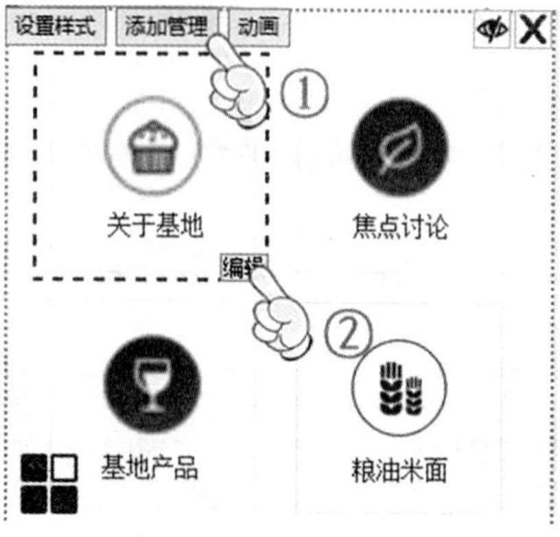

图 5-21 设置导航按钮

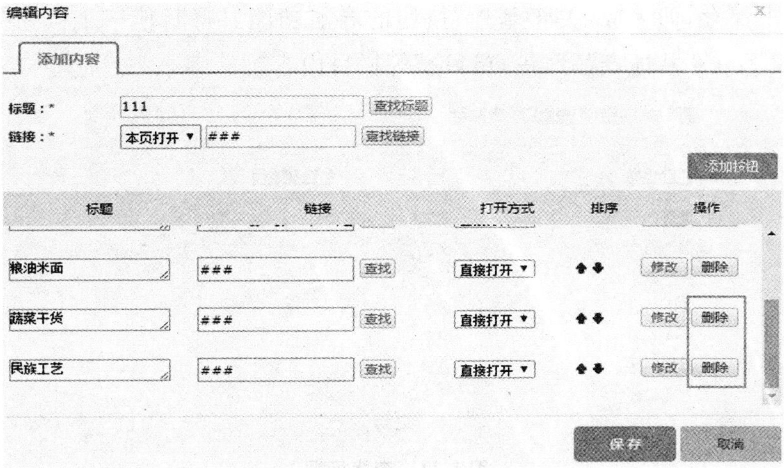

图 5-22　删除多余的按钮

鼠标移入图 5-21 中②所指区域，点击“编辑”，设定当用户点击“关于基地”按钮后的显示内容。设置界面如图 5-23 所示，点击查找标题，根据按钮计划对应的栏目选择相应栏目名称后的“选定”，此处点击“关于基地”后的“选

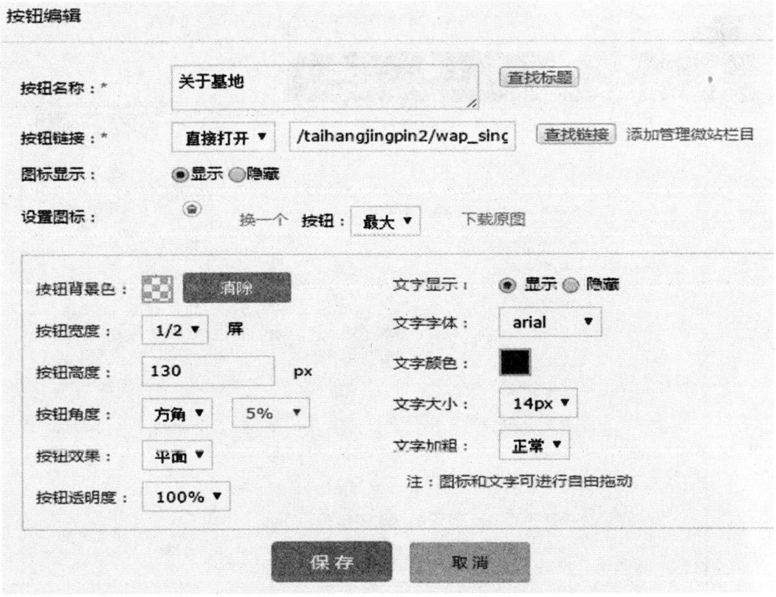

图 5-23　设置导航按钮内容

定”，单击保存，即完成“关于基地”按钮的导航功能。将其他三个按钮分别指向“新闻趣事”“基地产品”“焦点讨论”等栏目内容。

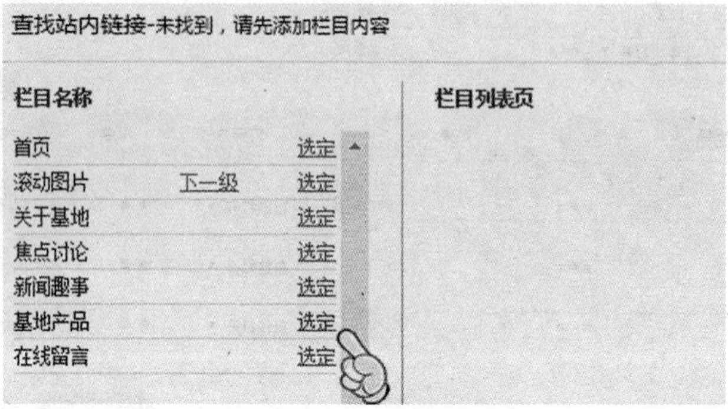

图 5-24 查找标题

（七）设置底部快捷方式

鼠标移入效果预览区底部快捷方式区域，如图 5-25 中①所示，点击出现的浮动按钮“快捷方式”。在打开的图 5-25 中②所示画面，开启或关闭底部所需项目，并设定项目内容。

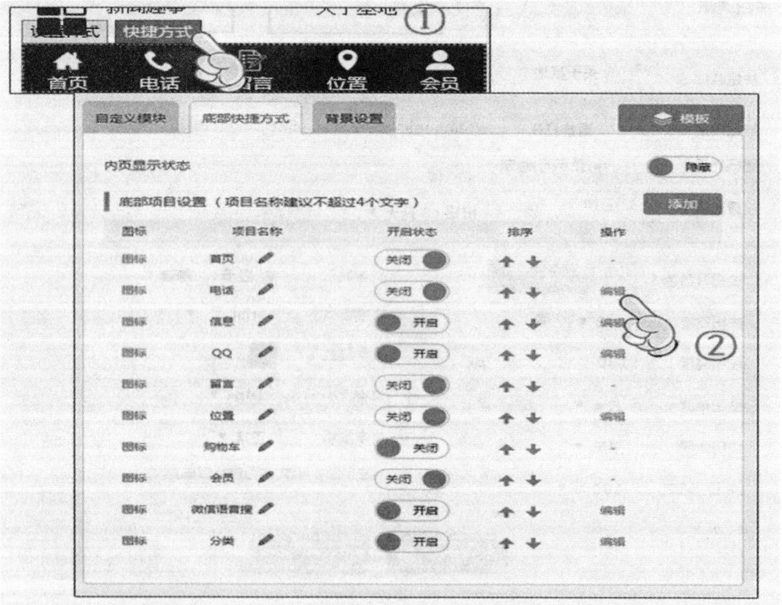

图 5-25 设置底部快捷方式

三、效果展示

设定完成，点击屏幕右上角的保存。鼠标移入“预览微站”，将显示“手机网站二维码”，如图 5-26 所示。用手机扫描此二维码可在手机端浏览所编辑的网站，此二维码也可用于网站的推广。二维码下方的“http：// taihangjingpin2. wap. ……”信息为网站为您分配的域名，您可以在手机浏览器地址栏中输入此域名访问。为方便记忆您可以申请更加好记的域名，在图 5-9 中与网站绑定，这样访问和推广网站就更加方便了。

图 5-26　保存并预览微站

使用手机扫码功能，如微信中的“扫一扫”扫描图 5-26 中的二维码，显示画面如图 5-27 中①所示。点击滚动图片模块将显示相应内容信息②，点击导航图标按钮将显示相应栏目信息③，点击屏幕左下角的  可显示网站栏目导航菜单④。

为便于讲解我们仅在网站中使用了操作最简单的功能模块，您可以尝试该平台提供的其他功能更加强大的模块，相信您一定能做出效果更加炫丽的手机网站。

图 5-27 手机浏览网站

任务二 开设农产品微店

【任务说明】在网上利用手机销售农产品的途径很多，您可以加入阿里巴巴等综合大卖场，也可以申请加入网上农产品销售平台或 App，如项目四中提到的“一亩田”App 或“手机惠农”App 等。当然最简单的是您自己开个网上小店，自己经营销售。网上开店也有很多选择，比如微店、微信小店、有赞微商城、口袋购物等。

本任务我们通过“微店”应用，来体验从申请注册、上传商品、店铺装修到商品销售、物流发货、收益分析等开设手机网店的全过程。

一、注册微店

图 5-28 微店登录界面

在手机应用市场下载并安装“微店”，点击手机主屏界面中的微店图标店，打开微店登录界面，如图 5-28 所示。因为是第一次使用，我们需要首先进行注册，点击注册按钮。在打开的如图 5-29 所示界面中依次完成输入手机号码、填写验证码、设置登录密码、设计店铺图标及名称等操作，点击“完成”。这样就完成了“微店”的注册，以后可通过注册时设定的手机号码和密码登录管理自己的微店。

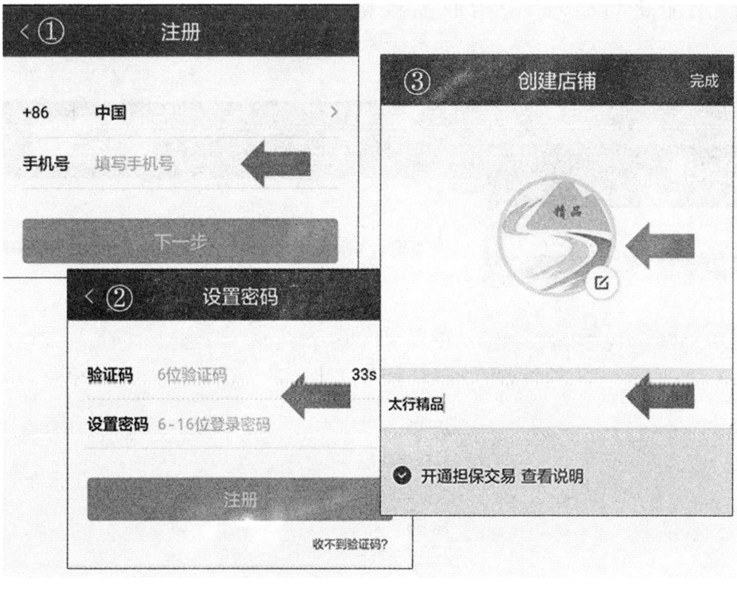

图 5-29 注册微店

二、设置商品分类与添加商品

跳过“编辑生意档案”界面和“点亮微店”界面。因为是注册完成后首次进入微店，系统会自动打开“商品管理”功能界面，如图 5-30 所示，以方便用户添加商品。用户也可在微店主功能界面通过点击“商品”图标进入商品管理界面。点击图 5-30 中①所指“分类”按钮，为所售商品进行分类，在打开的图 5-31①中填写类别名称，完成后点击“确定”。本例我们将计划销售的商品分为“苹果”“核桃”“板栗”“其他”四类。分类设置完成后如图 5-31 中②所示。点击“出售中”按钮，返回“添加新商品”界面，如图 5-32 所示，点击①图所指“添加新商品”，点击②中“添加商品图片”，如③所示，选择商品图片，点击如图所指“完成”，添加图片后如④所示。填写商品描述、单价及库存信息。“添加商品型号”是指商品规格、太小、样式等。

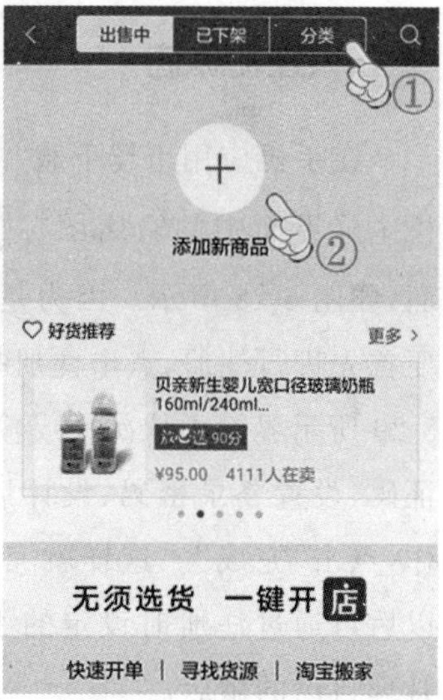

图 5-30 商品管理界面

图 5-31 添加商品分类

图 5-32　添加商品(1)

点击“添加商品详情”打开如图 5-33 所示，点击图中①“添加内容”，可以添加文字、图片、视频等内容，添加完成也可以如图中②所示多次添加不同内容。完成后点击“保存”。点击“分类至”，如图中③所示，指定新添商品所属类别，本例选择“苹果”，点击“确定”。第一个商品就添加完成了，完成后如图中④所示。继续点击“添加新商品”为微店添加更多的商品。

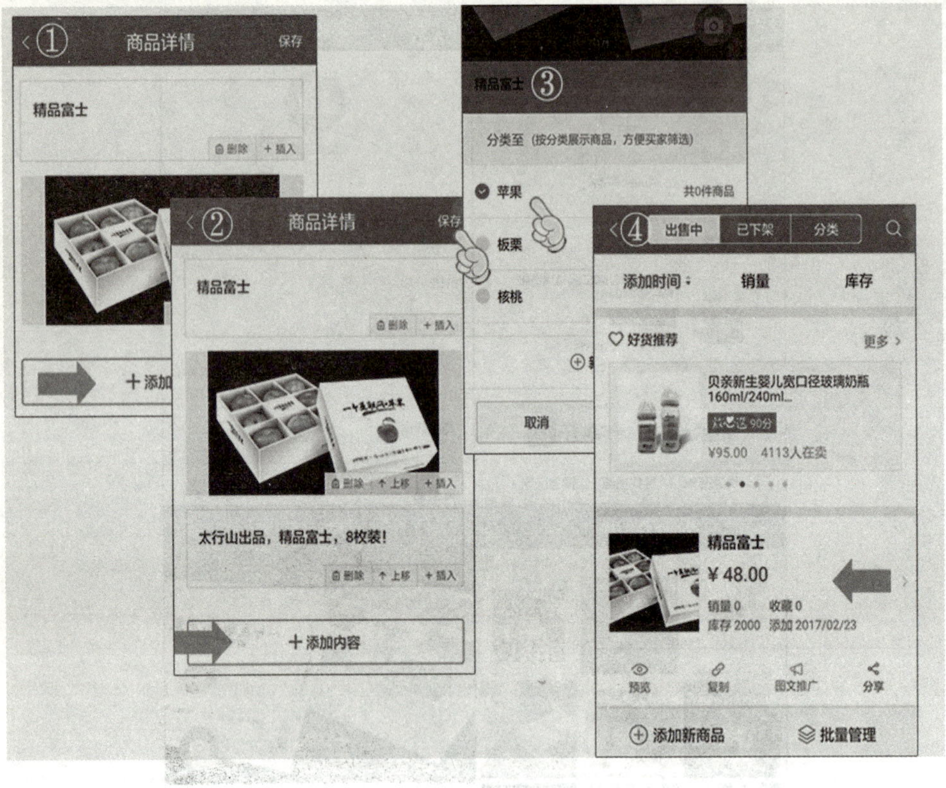

图 5-33 添加商品(2)

三、店铺装修

点击屏幕左上角的 < ,返回微店首页,如图 5-34 中①图所示。如图中所指点击 微店 > ,进入微店管理界面,如图中②所示,点击“店铺装修”,打开店铺装修画面,此界面系统提供了大量的装修模板,都非常漂亮,你可以付费使用,当然你也可以自己设计,如图中③,点击“编辑”。

图 5-35 为店铺装修界面,如图中①所示,删除不需要的模块,在图中②点击“插入”添加新功能模块,如图中③画面系统提供了“导航”“广告”“推荐商品”“店长笔记”等多类模块,此例选择“导航”中的“图片导航”。

提示:如图 5-35 中③所指,微店提供了非常好用的图片美化工具,可以尝

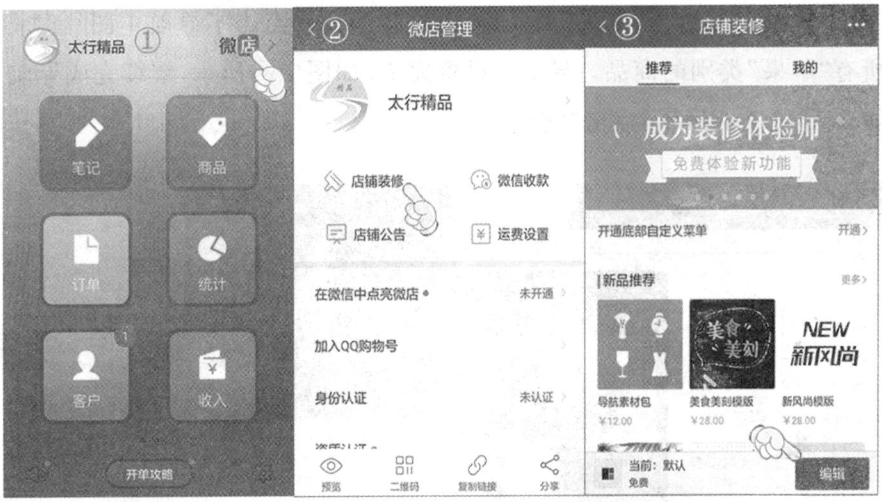

图 5-34　店铺装修

图 5-35　添加模块

试使用。

点击图 5-36①中的"＋"，为导航 1 添加导航图片，如图中②所示，点击完成，为导航 1 填写导航名称，和添加导航链接。如图③在设置导航链接窗口选择“分类链接”，并选择“苹果”商品类别，这样当用户点击了导航1图片时将打开所有“苹果”类别的商品。导航1设置完成，如图中④所示，继续完成导航2、导航3、导航4的编辑，点击“完成”。

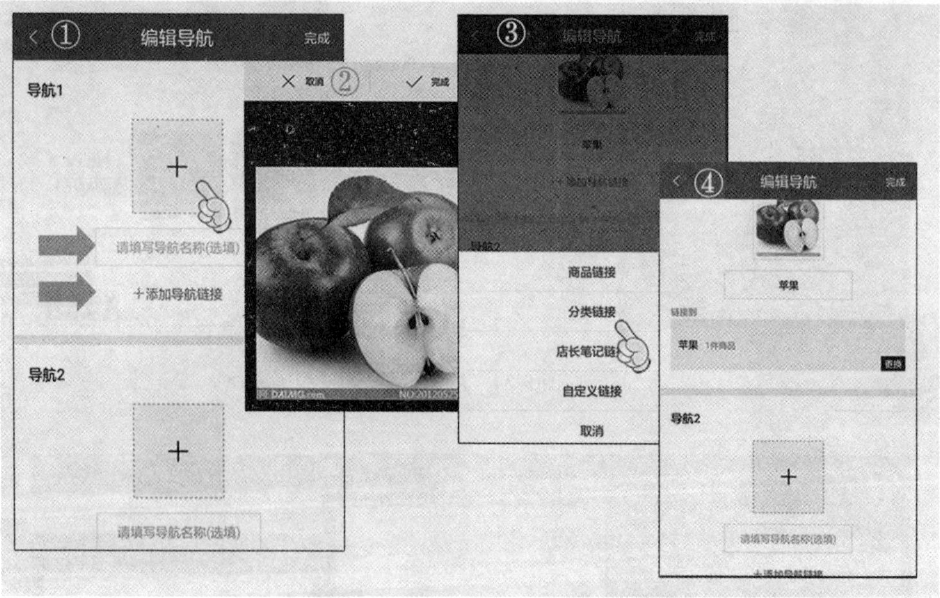

图 5-36 编辑图片导航模块

四、店铺效果

在返回的“自定义装修”界面，点击“应用到店铺”，如图5-37中①所示，此时店铺的简单装修完成。我们可以在打开的界面②中推广自己的店铺。点击“微信好友”，在打开的微信界面选择微信好友，如图5-38①中所示，将推广信息发送给联系人，点击“分享”，对方收到推广信息如图中③所示。对方点击收到的信息，将打开店铺，店铺界面如④中所示，其中⑤为设定的图片导航模块。

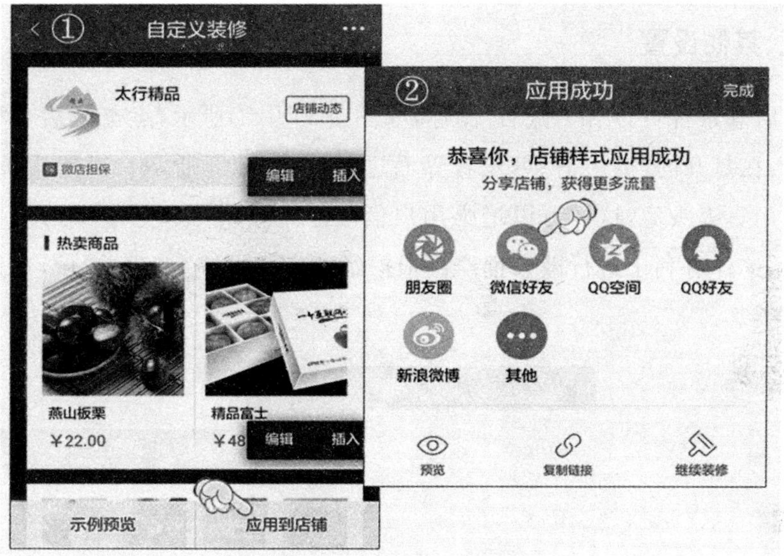

图 5-37　完成店铺装修

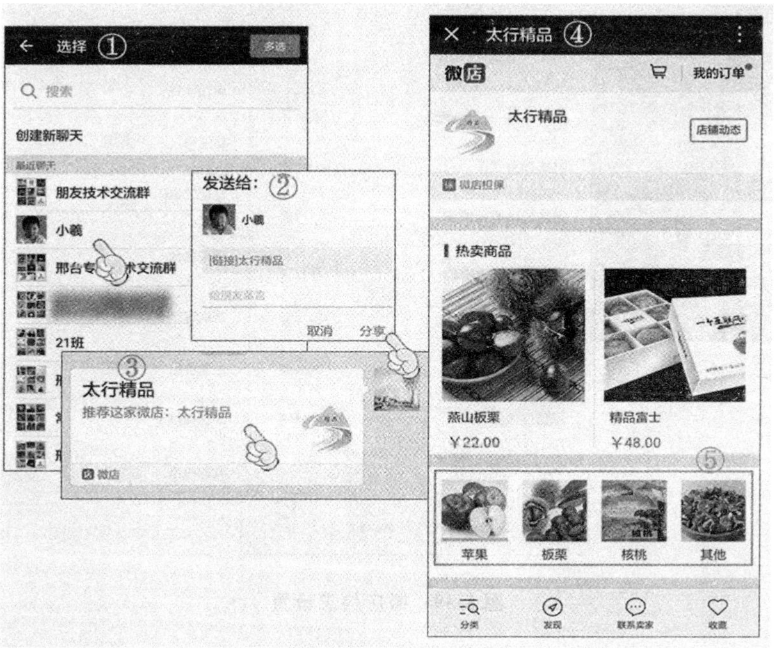

图 5-38　微店推广

五、其他设置

微店登录首页，点击“微店”图标，如图 5-39 中①所示，点击微店名称如②中所指，在打开的“微店信息”设置界面进行设置，如③所示。设置店长头像，建议使用真人头像，这样可以增强用户信任。建议填写和上传微信号和微信二维码，这样有利于进行微店推广。根据经营内容设置“主营类目”，本例应为“水果”类。

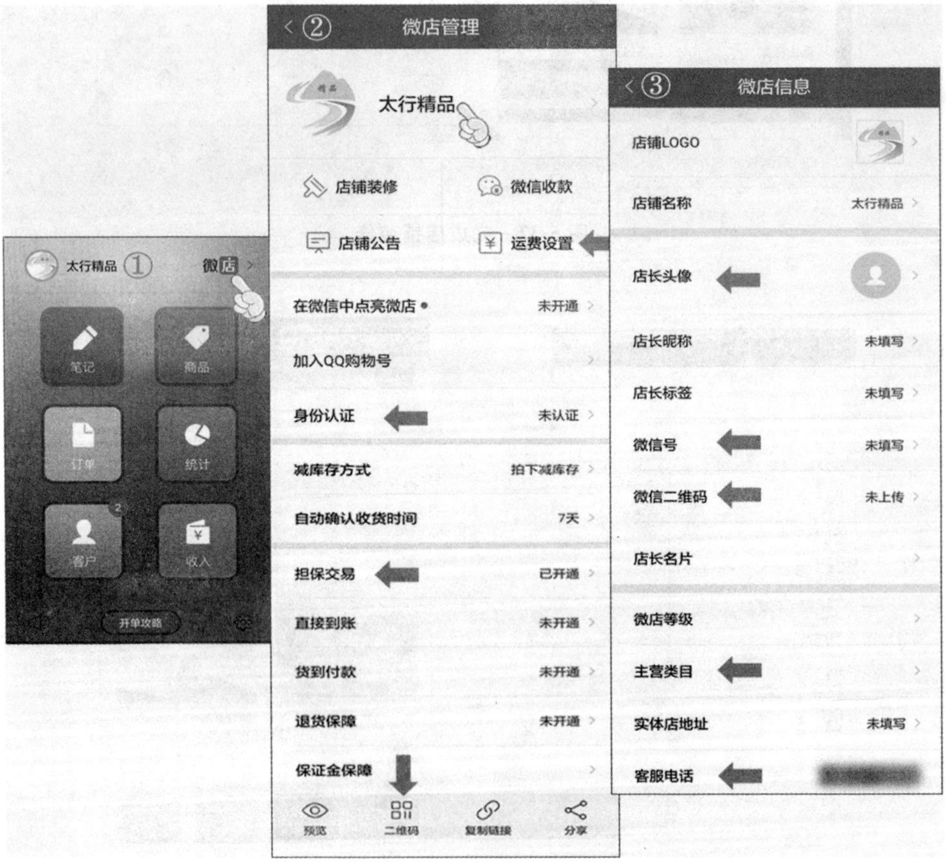

图 5-39　微店信息设置

在图 5-39②中进行运费设置，当用户对某商品下单后，会根据设置的运费规则自动生成运费，便于交易，设置界面如图 5-40 所示。

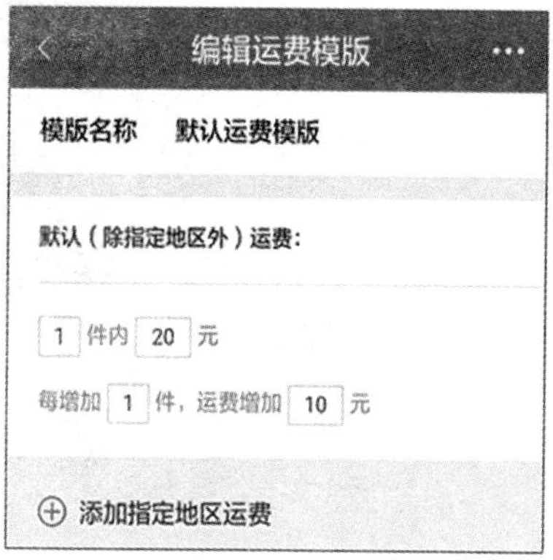

图 5-40　编辑运费模板

建议用户尽早进行“身份认证”，经身份认证可以增强客户的购买信心，另外交易收入的提现操作也需要身份认证，身份认证界面如图 5-41 所示。

点击图 5-39②中所指二维码图标，如图 5-42 所示。该二维码包含微店链接地址，可向微信朋友圈、微信好友、新浪博客、QQ 动态等推广宣传。

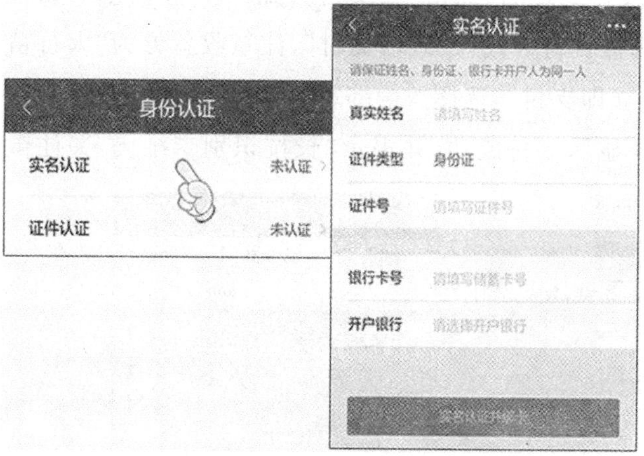

图 5-41　实名身份认证

图 5-42　微店二维码

六、交易过程

买家可通过卖家的推广信息登录微店，如图 5-43 中①所示，浏览微店商品，本例计划购买“燕山板栗”，则如②所指，点击“燕山板栗”商品，在打开的③图中划动屏幕，查看商品细节，确认购买，则点击④中“立即购买”按钮。

图 5-43　买家挑选商品

确认购买型号、数量、收货地址后，点击“去支付”，如图 5-44 所示。在打开的图 5-44 支付界面中，选择支付方式为“微信支付”，注意收款方为“太行精品”，以及数额无误后点击“立即支付”，选择微信绑定的银行卡，输入微信支付密码，完成支付。如图 5-46 显示支付成功，并提示“长按识别二维码，关注微

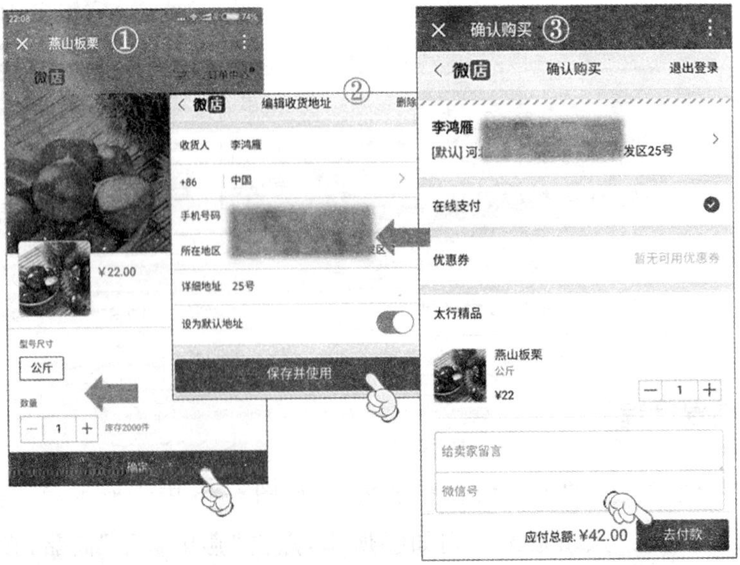

图 5-44　确认购买

店公众号，实时追踪订单状态”。建议关注微店公众号，这样在接下来的物流状态查询，确认收货等操作都会比较方便。

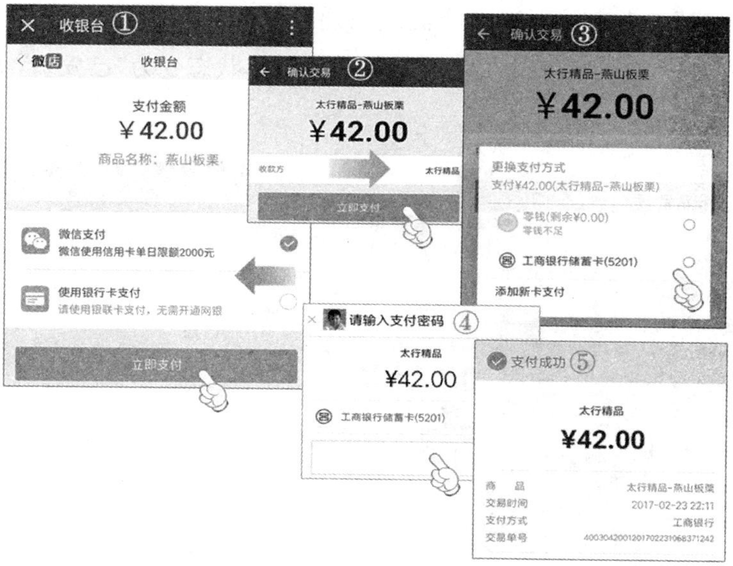

图 5-45　买家完成支付

图 5-46　买家订单查询方法提示

在买家支付成功后，卖家会收到微店交易信息提醒。打开微店，点击“订单”，如图 5-47 所示，有一条“待发货”订单，点击该订单，查看订单详情，无误后点击“发货”。卖家线下选择物流或快递发货，并将物流公司名称、发货单号，填写在图 5-47④中，点击“发货”。完成后订单状态变为“已发货，等待买家收货并确认”。

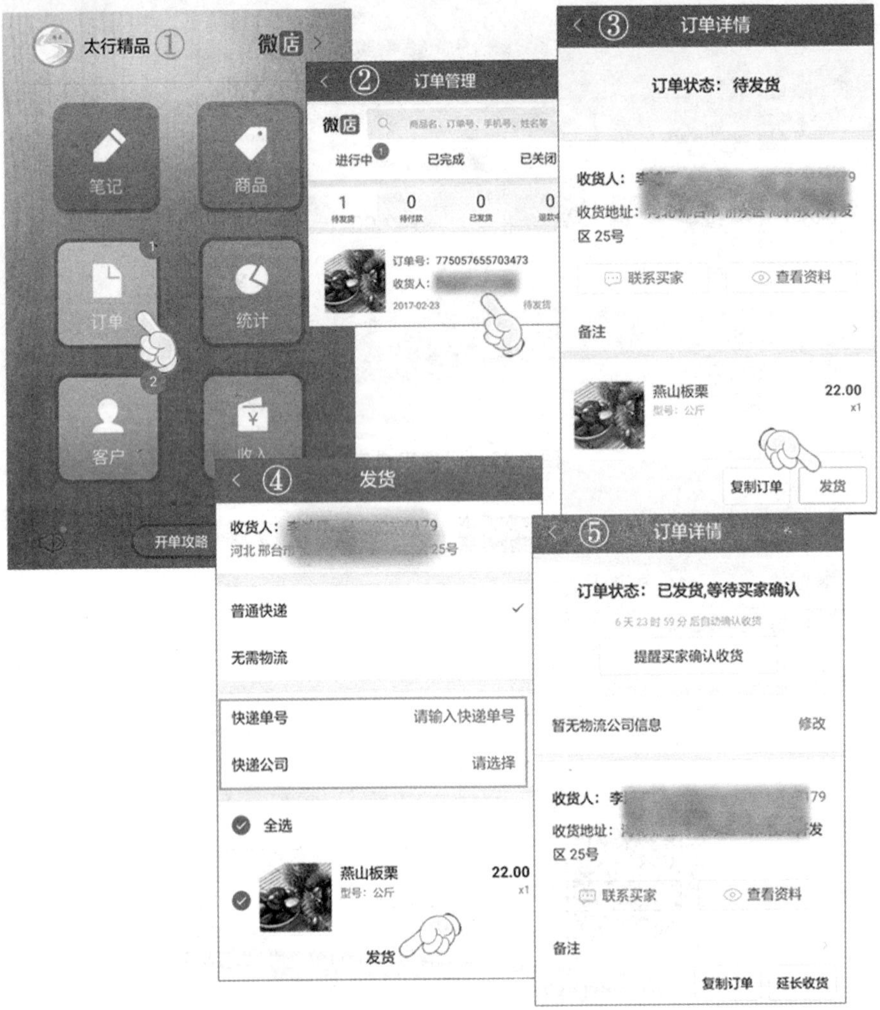

图 5-17 卖家发货

卖家发货后，买家会收到“卖家已发货”的手机提示短信，如图 5-46 中②所示。同时“微店客服”公众号会推送“订单状态更新”通知，如图 5-48 所示，点击“详情”，可查看订单进度和物流信息。接到物流送来的商品，经确认与所购商品相符后点击“确认收货”，系统弹出风险提示，再次点击“确认收货”。接下来可以对交易过程进行评价，如图 5-48 中③所示，交易过程结束。

图 5-48　买家确认收货并发表评价

此时卖家订单信息也将变更为“已完成”，卖家可通过如图 5-47①中“收入”项，查看收支明细和提现操作，如图 5-49 中②所示。

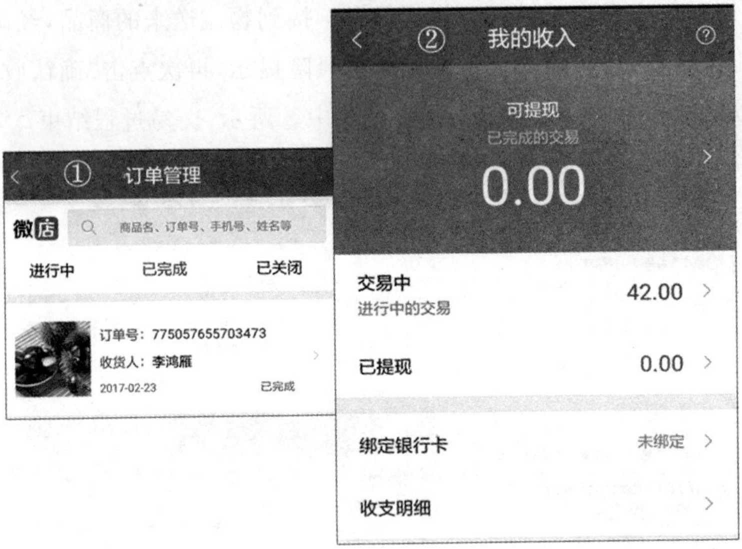

图 5-49 卖家完成订单提现

任务三 使用微信·公众号推广

【任务说明】前面所提建设 WAP 网站、微店只是您向外宣传的第一步，再好的产品、再好的网站、再华丽的店铺，没有人光顾也带不来效益。如何宣传您的网站和店铺是手机营销的关键。

自 2011 年腾讯公司推出微信（WeChat）至 2013 年 11 月，仅仅用了不到 3 年的时间其注册用户就突破了 6 亿，成为亚洲地区最大用户群的移动即时通信软件，亿级的用户基础，社交和分享的功能特色使微信及微信公众平台迅速成为被大众接受和热捧的营销工具。

本任务将从微信公众号的申请到信息群发一步步体验如何使用微信公众号营销。

一、申请公众号

在电脑端打开浏览器，登录微信·公众平台（https：//mp. weixin. qq. com/），点击屏幕右上角的“立即注册”。打开界面如图 5-50 所示，选择注册帐号类型。各类帐号的区别我们稍后再述，这里我们点击“订阅号”。

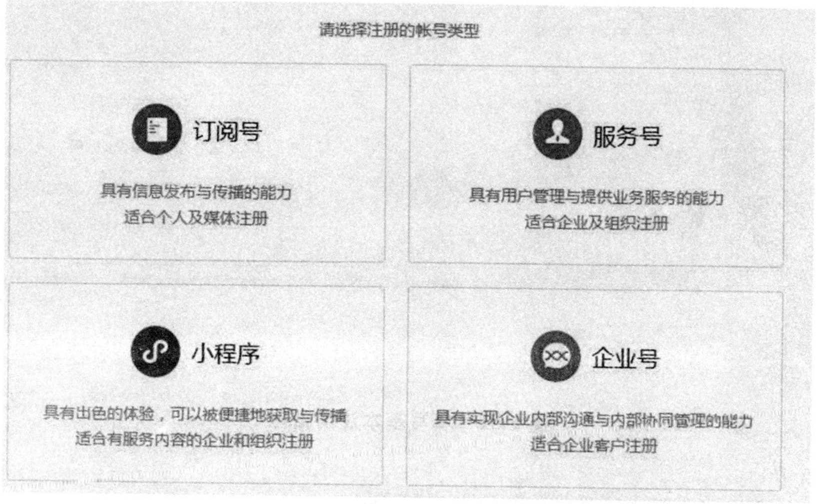

图 5-50　选择注册帐号类型

注册微信公众号共需五步，如图 5-51 所示。第一步填写基本信息，依次填写邮箱（可申请使用 QQ、网易等免费邮箱）、设置密码、填写屏幕验证码，选择同意并遵守协议，点击“注册”。

注意：此处填写的邮箱及设置的密码将用于公众号的登录，需妥善保存。

如图 5-52 所示，打开上一步填写的邮箱。查阅由微信团队（weixinteam@tencent. com）发来的公众号激活邮件，如图 5-53 所示，根据提示点击链接，打开如图 5-54 所示选择类型画面。

图 5-54 中详细地说明了各类公众号的区别，简单地讲如果你的目的只是想传播特色内容，那么订阅号更适合你；如果你希望申请的公众号具备更多的服务功能，如微信支付等，则应当选择服务号；企业号适合于大型企业内部用户及运营流程管理，不针对公众用户。

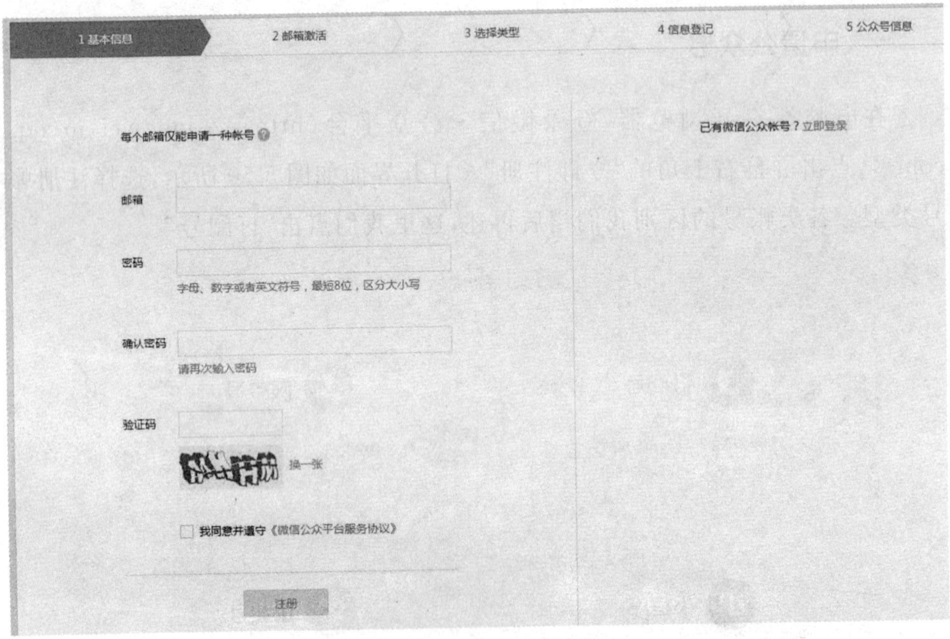

图 5-51 填写基本注册信息

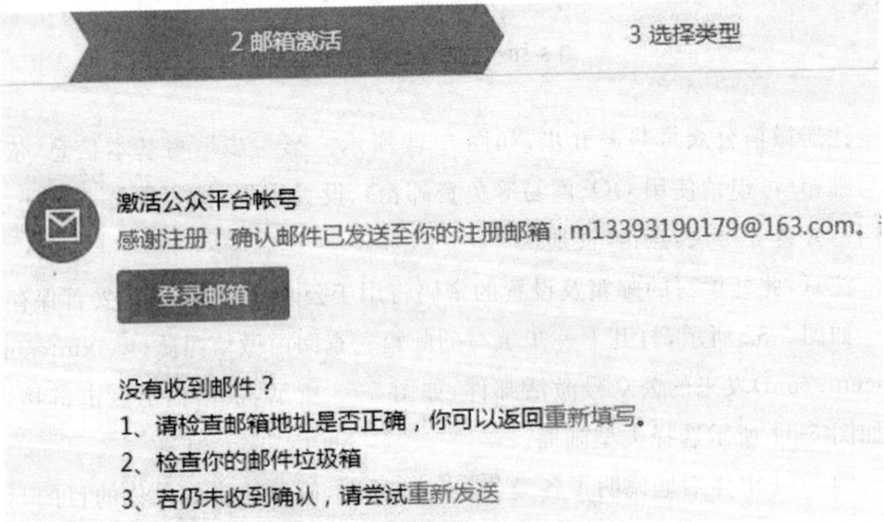

图 5-52 登录邮箱激活帐号提示

微信 | 公众平台
你好！
感谢你注册微信公众平台。
你的登录邮箱为：m13393190179@163.com。请点击以下链接激活帐号：
https://mp.weixin.qq.com/cgi-bin/activateemail?email=bTEzMzkzMTkwMTc5ODE2My5jb20%3D&ticket=mmverifycodebrokeremail_1_20b33edaa9c5d4592673aaa28e80459b
如果以上链接无法点击，请将上面的地址复制到你的浏览器(如IE)的地址栏进入微信公众平台。（该链接在48小时内有效，48小时后需要重新注册）
Claire Wang
微信产品经理
weixinmp@qq.com

图 5-53　激活邮件内容

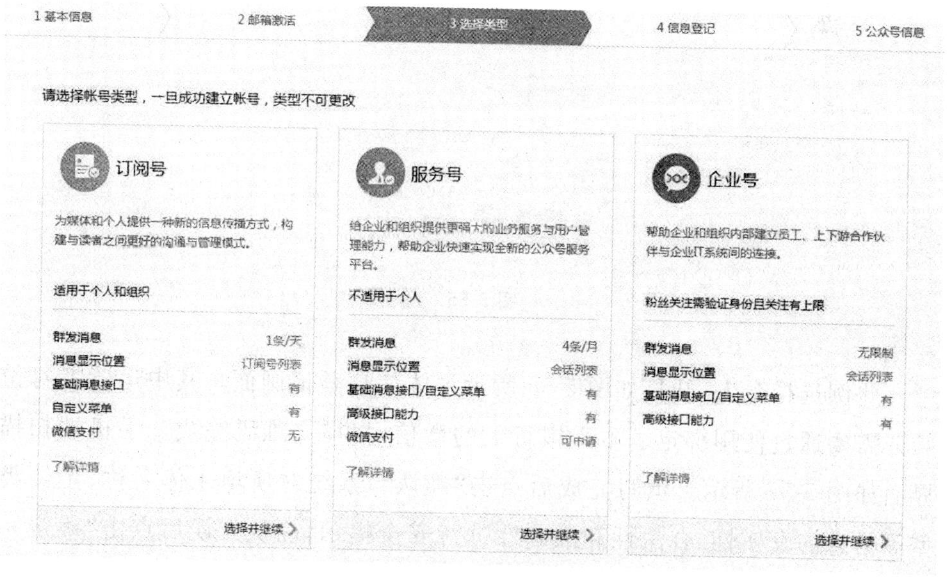
1 基本信息
2 邮箱激活
3 选择类型
4 信息登记
5 公众号信息
请选择帐号类型，一旦成功建立帐号，类型不可更改
订阅号
为媒体和个人提供一种新的信息传播方式，构建与读者之间更好的沟通与管理模式。
适用于个人和组织
群发消息 1条/天
消息显示位置 订阅号列表
基础消息接口 有
自定义菜单 有
微信支付 无
了解详情
选择并继续
服务号
给企业和组织提供更强大的业务服务与用户管理能力，帮助企业快速实现全新的公众号服务平台。
不适用于个人
群发消息 4条/月
消息显示位置 会话列表
基础消息接口/自定义菜单 有
高级接口能力 有
微信支付 可申请
了解详情
选择并继续
企业号
帮助企业和组织内部建立员工、上下游合作伙伴与企业IT系统间的连接。
粉丝关注需验证身份且关注有上限
群发消息 无限制
消息显示位置 会话列表
基础消息接口/自定义菜单 有
高级接口能力 有
了解详情
选择并继续

图 5-54　选择帐号类型

此处以订阅号为例。在订阅号栏点击“选择并继续”。系统会提示您“你选择的类型是:订阅号,选择公众号类型之后不可更改,是否继续操作”。点击“确定”。

在打开的如图 5-55 所示画面,选择主体类型,其中“个人”是最容易注册的,但“个人”暂时无法取得微信认证。选择“政府”“媒体”“企业”和“其他组织”都需要相应的证件和盖章证明。如条件允许尽量选择企业类型注册。

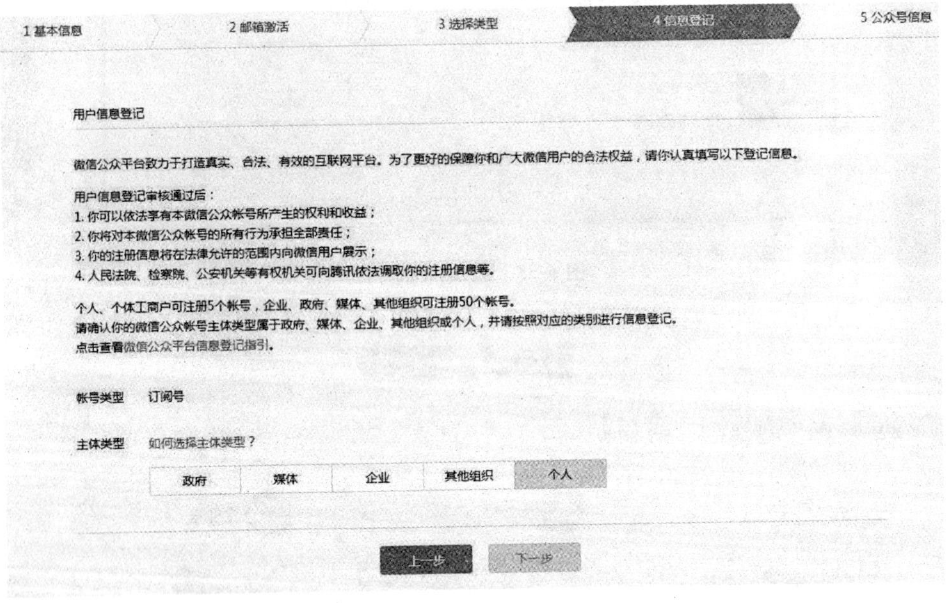
1 基本信息
2 邮箱激活
3 选择类型
4 信息登记
5 公众号信息
用户信息登记
微信公众平台致力于打造真实、合法、有效的互联网平台。为了更好的保障你和广大微信用户的合法权益，请你认真填写以下登记信息。
用户信息登记审核通过后：
1. 你可以依法享有本微信公众帐号所产生的权利和收益；
2. 你将对本微信公众帐号的所有行为承担全部责任；
3. 你的注册信息将在法律允许的范围内向微信用户展示；
4. 人民法院、检察院、公安机关等有权机关可向腾讯依法调取你的注册信息等。
个人、个体工商户可注册5个帐号，企业、政府、媒体、其他组织可注册50个帐号。
请确认你的微信公众帐号主体类型属于政府、媒体、企业、其他组织或个人，并请按照对应的类别进行信息登记。
点击查看微信公众平台信息登记指引。
帐号类型
订阅号
主体类型
如何选择主体类型？
政府
媒体
企业
其他组织
个人
上一步
下一步

图 5-55

此例选择个人,开打如图 5-56 所示主体信息登记画面。其中运营者身份验证需要通过使用绑定了本人银行卡的微信,扫描二维码完成。手机端扫描界面如图 5-57 所示。填写完成后点击“确认”,系统对所填主体名称、主体类型等信息的真实性、合法性和准确性进行安全提示,确认无误后点击“确定”。如图 5-58 所示。

主体信息登记
身份证姓名
[redacted]
信息审核成功后身份证姓名不可修改；如果名字包含分隔号“·”，请勿省略。
身份证号码
130502[redacted]1
请输入您的身份证号码。一个身份证号码只能注册5个公众帐号。
运营者身份验证
身份验证成功
[redacted]为该公众号的运营者
运营者信息登记
运营者手机号码
获取验证码
请输入您的手机号码，一个手机号码只能注册5个公众帐号。
短信验证码
无法接收验证码？
请输入手机短信收到的6位验证码

图 5-56　信息登记

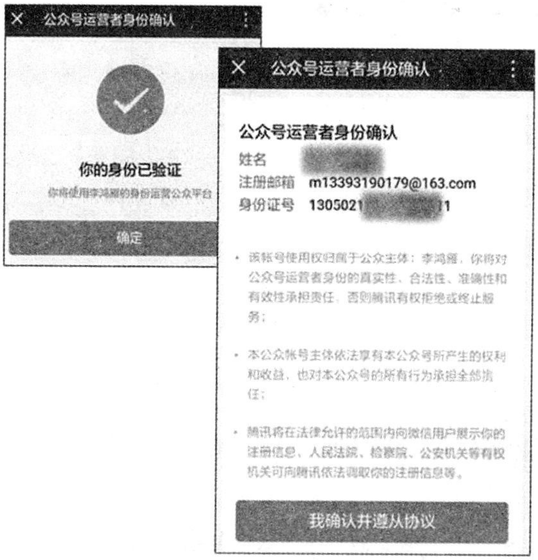
公众号运营者身份确认
你的身份已验证
确定
公众号运营者身份确认
公众号运营者身份确认
姓名 [redacted]
注册邮箱 m13393190179@163.com
身份证号 1305021[redacted]1
该帐号使用权归属于公众主体：李鸿雁，你将对公众号运营者身份的真实性、合法性、准确性和有效性承担责任，否则腾讯有权拒绝或终止服务；
本公众帐号主体依法享有本公众号所产生的权利和收益，也对本公众号的所有行为承担全部责任；
腾讯将在法律允许的范围内向微信用户展示你的注册信息、人民法院、检察院、公安机关等有权机关可向腾讯依法调取你的注册信息等。
我确认并遵从协议

图 5-57　信息登记手机端扫码

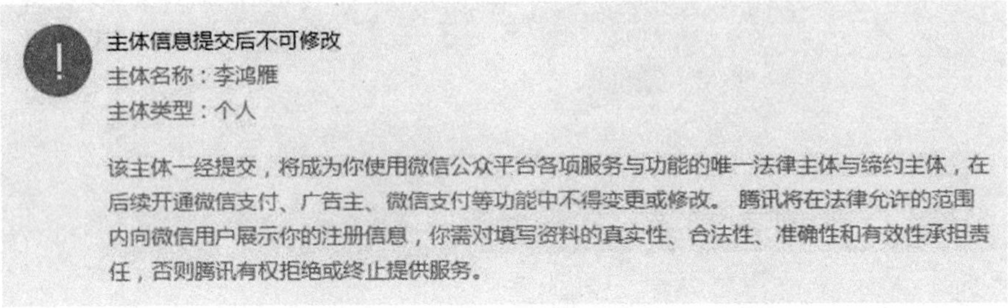
主体信息提交后不可修改
主体名称：李鸿雁
主体类型：个人
该主体一经提交，将成为你使用微信公众平台各项服务与功能的唯一法律主体与缔约主体，在后续开通微信支付、广告主、微信支付等功能中不得变更或修改。腾讯将在法律允许的范围内向微信用户展示你的注册信息，你需对填写资料的真实性、合法性、准确性和有效性承担责任，否则腾讯有权拒绝或终止提供服务。

图 5-58　提交后不可修改

接下来在图 5-59 中，填写帐号名称及功能介绍和运营地区后，点击“完成”。即完成了个人公众号的申请。以后可以在微信公众平台首页使用申请时填写的邮箱及设定的密码登录，如图 5-60 所示，登录成功后如图 5-61 所示。

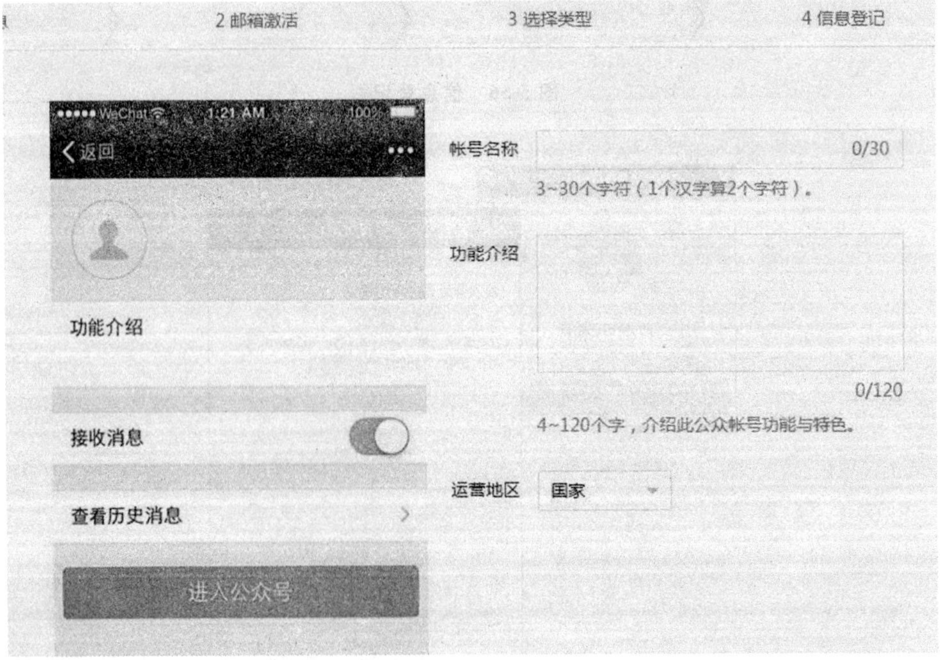
2 邮箱激活
3 选择类型
4 信息登记
WeChat
1:21 AM
100%
返回
功能介绍
接收消息
查看历史消息
进入公众号
帐号名称
0/30
3~30个字符（1个汉字算2个字符）。
功能介绍
0/120
4~120个字，介绍此公众帐号功能与特色。
运营地区
国家

图 5-59　填写帐号名称及其他

图 5-60　公众号登录

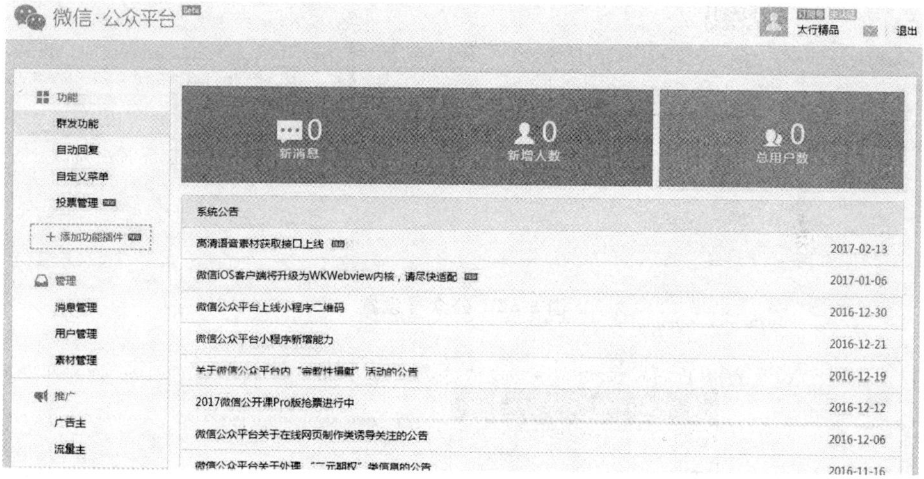

图 5-61　公众号管理主界面

二、信息管理

(一)公众号设置

登录微信公众管理平台，点击左侧功能列表中“设置”—“公众号设置”项。

设置头像、名称、微信号、介绍的目的都是增强公众号的辩识度，更好地获取自然搜索和提升用户的关注率。因此在设置之前一定要认真考虑帐号的定位和传播目的，设置适宜的头像和介绍能达到事头功倍的效果。

如图 5-62 设置后，在手机中打开微信，依次点击“通信录”—“公众号”—“+”，输入上图名称中的“太行精品”，点击“搜索”，搜索结果如图 5-63 中①所示，新注册的公众号已经可以被找到。用户点击搜索结果中的“太行精品”，可打开关注画面，如图 5-63 中②所示。

图 5-62　公众号设置

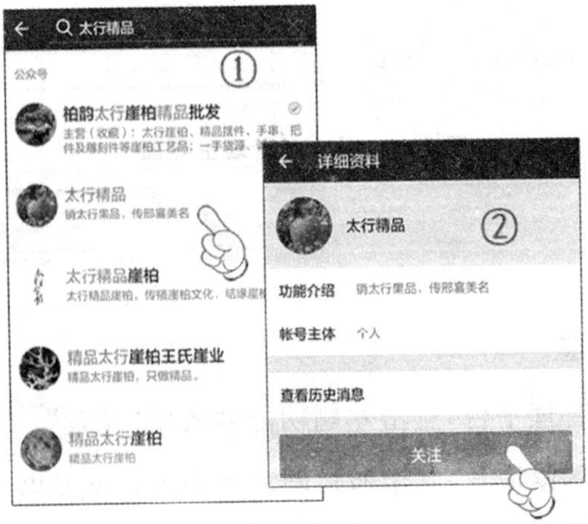

图 5-63　搜索公众号

二维码:用户可通过微信扫此二维码关注公众号。

微信号:用户可通过该微信号关注此到你的公众号。

(二)自动回复设置

在微信公众平台“功能”—“自动回复”中,可设定当用户关注公众号以及向公众号发送信息时,系统自动回复的内容。如图 5-64 所示。

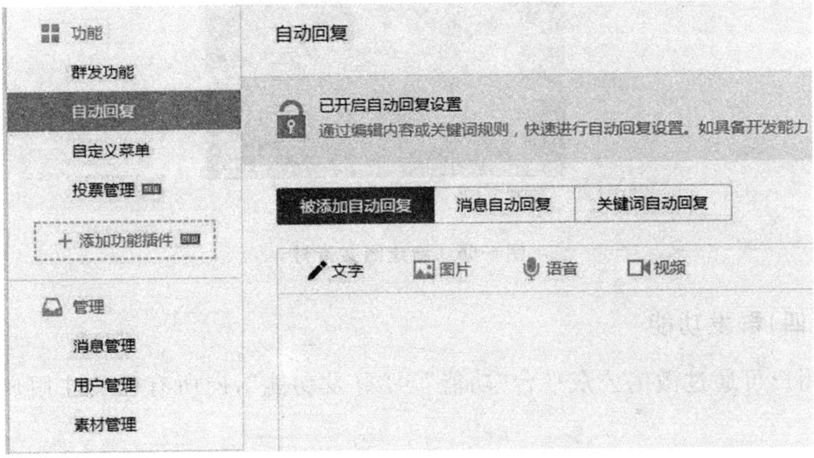

图 5-64　自动回复

(三)素材管理

用户可通过微信公众平台“管理”—“素材管理”,维护图文、图片、语音、视频等素材,以备群发信息时调用。如图 5-65、图 5-66 所示。

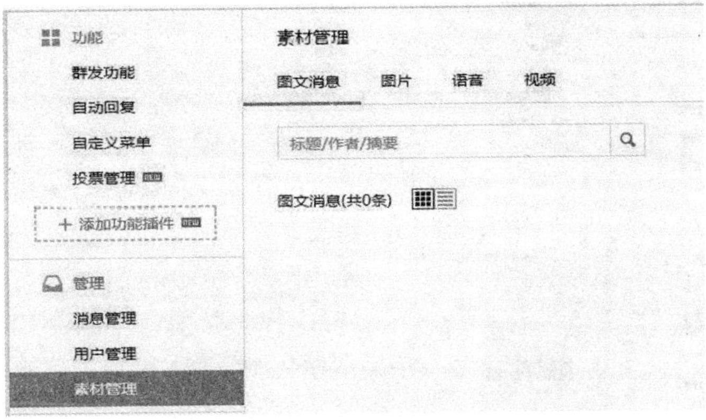

图 5-65　素材管理

图 5-66 新建图文素材

(四)群发功能

用户可通过微信公众平台“功能”—“群发功能”，向所有已关注用户推送信息。

如果计划发送的图文消息已在素材库中，直接从素材库中选择就可以了，如果尚未建立，可点击“新建图文消息”，如图 5-67 所示。

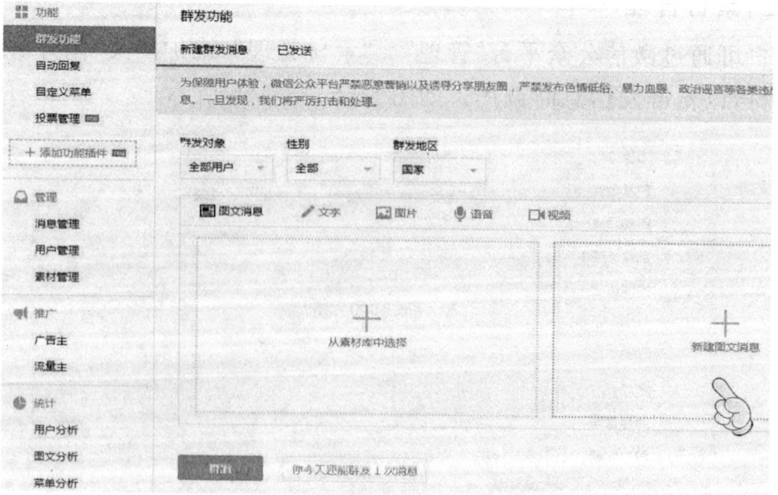

图 5-67 新建图文消息(1)

在打开的图 5-68 中依次填写“标题”,“作者”以及正文部分,正文中可从素材库中调取图片、视频、音乐等资源。其中题标会出现在图文列表中,如图 5-68 中箭头所指。图文列表中的缩略图(小图),可从正文中调用,也可单独上传。一次可编辑多条图文信息。设计完成后点击“保存并发送”,点击“群发”,经系统群发确认提示,点击“确定”。管理员扫码确认后,信息群发成功。

图 5-68 新建图文消息(2)

已关注用户接收信息如图 5-69 所示。①为新群消息提醒,②为消息列表,一次发送多条消息。点击列表中的“桃花、苹果花争相斗艳”,可打开③内容页;点击列表中“硕果累累”可打开图中④所示内容页。

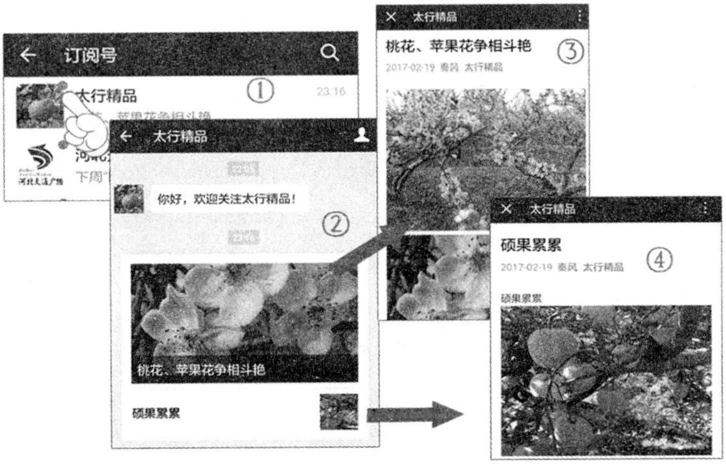

图 5-69 查看群发消息

(五)自定义菜单

点击微信公众平台"功能"—"自定义菜单"。

本例在"菜单名称"处输入"介绍",此时"介绍"主菜单已生成,点击"介绍"主菜单上的"+",设置子菜单内容,如图 5-70 所示,子菜单名称处输入"太行山上",子菜单内容选择"跳转网页",选择素材库中已有的图文素材(需在"素材管理"中事先建立)。如图 5-71 所示。同理完成"介绍"主菜单之"企业介绍"子菜单和"事件"主菜单的建立。结果如图 5-72 所示。点击"保存并发布"。手机端查公众号阅效果如图 5-73 所示。

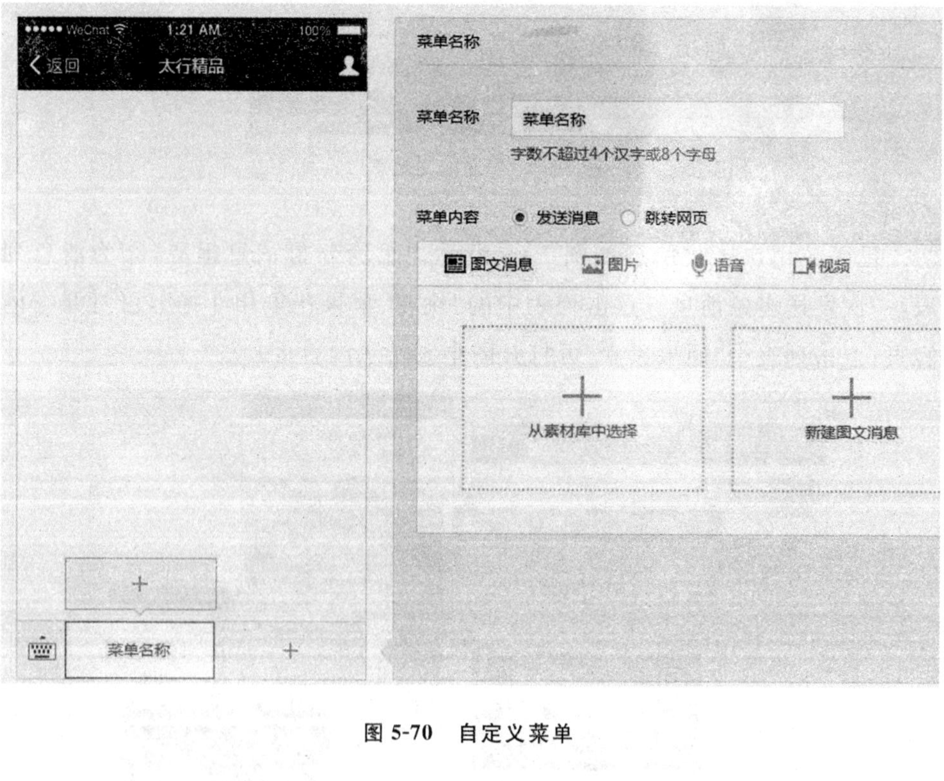

图 5-70 自定义菜单

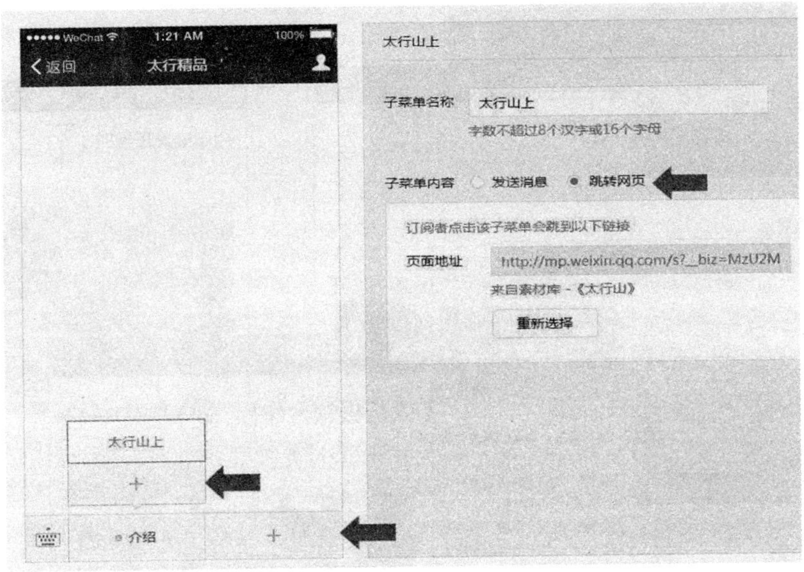

图 5-71　添加菜单及内容

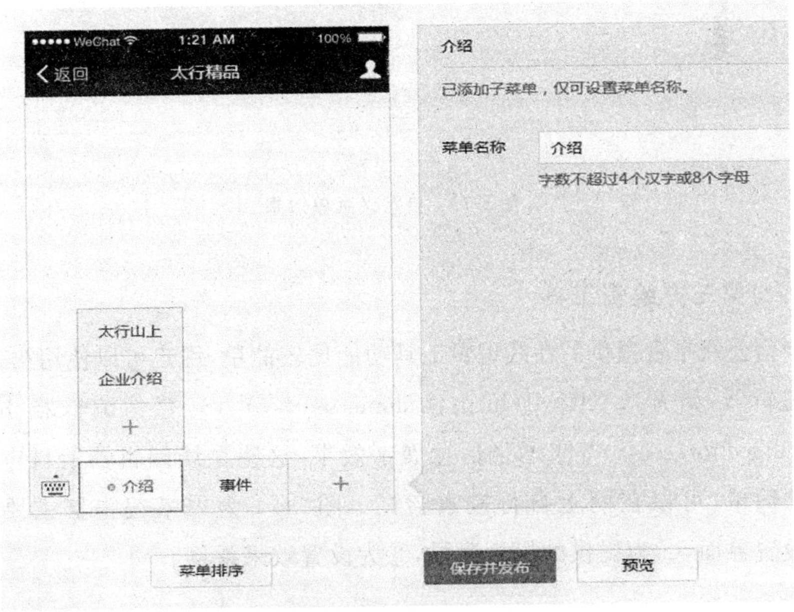

图 5-72　菜单建立完成

图 5-73 自定义菜单效果

（六）第三方编辑工具

微信公众平台提供的在线编辑工具功能比较简单，用户可以使用第三方推出的编辑器，如秀米 XIUMI（http：// xiumi. us/＃/）、135 微信编辑器（http：// www. 135editor. com/）等来增强信息展示效果，这些在线编辑器素材丰富、使用方法简单，可以在网上自行搜索尝试。图 5-74 为秀米编辑器主要界面，①为设置界面，②为提供的模板素材，③为设置效果举例。

图 5-74 第三方编辑工具

任务四 使用二维码等工具进行产品营销

【任务说明】二维码在我们现实生活中已随处可见，二维码营销在现代营销中更是异军突起，成为营销市场上的宠儿。本任务我们一起来了解什么是二维码，以及二维码的生成方法和宣传策略。另外对新浪微博、QQ、水滴直播等社交推广工具软件进行简要介绍。

一、二维码

二维码呈正方形，传统为黑白两色，如图 5-75 所示。在二维码的三个角落印有较小的"回"字形正方形图案，这是帮助解码软件定位用的图案。二维码的使用条件要求非常低，只需要装有扫码功能的智能手机就可以使用，而且无需对正，任何角度都可以正确识别，二维码最大抗污损可达 30%，非常适合在线下农产品包装上使用。

小小的二维码在方寸之间可以存储较多的文字信息，可以引导用户进入网站或网上店铺，可以发放优惠券、组织促销活动，甚至可以用于扫码支付。善用二维码可以显著提高宣传效果和锁定目标客户。下面通过“草料二维码”网站，尝试了解二维码的功能与生成过程。

图 5-75　二维码

草料二维码（http：//cli. im/）在线二维码生成工具提供了丰富的二维码生成方案，可通过扫描生成的二维码显示文本、打开网址、下载文件、显示图片、关注微信公众号、展示名片并添加联系人等。如图 5-76 中①所示，②为生成的二维码，可下载、收藏与推广，③为二维码美化器，通过它可创造出更加漂亮的二维码。

二维码应用举例：

图 5-76 生成的二维码内容为一首爱情诗，当用户描些二维码时，手机将显示如图 5-77 效果。当然你可以将自己的产品特色、经营理念、优惠措施等置入其中，以起到宣传的作用。

图 5-76　草料二维码

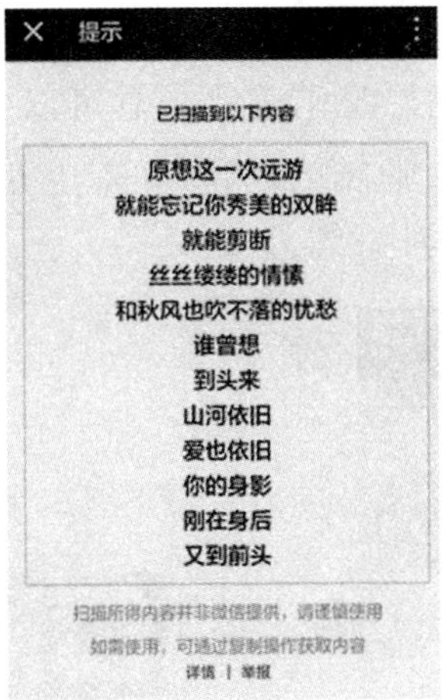

图 5-77　手机扫描效结果

图 5-78 为名片二维码，也可称为电子名片，使用手机一扫便可获得详细的个人信息，并可添加入手机联系人中，效果如图 5-79 所示。

图 5-78　名片二维码

二维码其他应用方法也非常简单，您可自行尝试。

使用草料二维码提供的二维码美化工具可以生成非常个性化的二维码，如图 5-80 所示，操作过程非常简单，相信您不出几分钟便可制作出独具特色的效果来。

图 5-79 手机扫描效果

图 5-80 美化二维码效果举例

二、使用 QQ 群、新浪微博、雨滴直播等多种途径推广

微信公众号、二维码这些都是不错的宣传工具，但这些也仅是人人都可以使用的工具，要想在浩瀚的互联网世界有人能关注你、记住你，还必须得时刻努力宣传自己。不断扩展自己的微信朋友圈，不断发出你的声音。腾讯 QQ 和微信一样也是由腾讯公司推出的即时通信软件，其使用者更多来自于电脑用户，QQ 的群功能、QQ 空间、说说、相册都是非常不错的发声的地方。微信中的“附近的人”“漂流瓶”“摇一摇”也都可以成为你拓宽朋友圈的渠道。

新浪微博是微信崛起之前最具有人气的社交应用，至今仍然有海量的用户活跃在新浪微博上。相对于微信的私密性，新浪微博更具有公众性。建议在开通微信公众号的同时也同时开通一个同名的新浪微博，进行同步宣传。

网络直播现在也非常流行，如果你的生产过程、加工工艺、活动内容允许别人现场观看的话，您几乎不需要增加任何成本，一台智能手机就可以将你的热点事件进行同步播出。这样可以大大加强用户对你的信任，增强用户对您个人及您产品的了解，比用户被动地看文字或图片介绍要好很多。图 5-81 为某宠物店使用水滴直播开设的直播频道，蒙牛集团也开通了直播频道，如图 5-82 所示。

图 5-81　某宠物店直播界面

图 5-82　蒙牛生产基地直播界面

需要指出的是，本节仅就智能手机的常见应用进行介绍，而并非市场营销类书籍，文中只探讨了一些宣传的方式和途径，想要达到满意的营销效果还必须在经营思路、营销策略上多下功夫。预祝农民朋友们借助智能手机在移动互联网络的推动下，农业生产变得轻松愉快、丰产丰收。

参 考 文 献

[1] 张会敏，孙晨霞．农民智能手机应用知识．北京：中国农业出版社，2016．

[2] 陶忠良．农民智能手机应用指南．北京：中国农业科学技术出版社，2016．

[3] 李鸿雁，杨子林．农业信息网络应用基础．北京：中国农业大学出版社，2015．

[4] 李娜，等．农民手机应用．北京：中国农业科学技术出版社，2016．

[5] 农业部农民科技教育培训中心．关于做好农民手机应用技能培训工作的通知：http://www.ngonline.cn/index/tz/20．

参考文献

[illegible]

[illegible]

[illegible]